城市空间
广场与街区景观

Urban Spaces
Plazas, Squares and Streetscapes

城市空间
广场与街区景观

Urban Spaces
Plazas, Squares and Streetscapes

[德] 克瑞斯·范·乌菲伦 著
付晓渝 译

中国建筑工业出版社

目 录

КОМ

前　言

克瑞斯·范·乌菲伦

（Chris van Uffelen）

城市公共空间的创建不仅是城市规划的一个组成部分，而且也受其周边建筑的影响，建筑外立面参与刻画了开放空间的特征。本书深入探讨了城市空间的设计，着眼于怎样增加空间设计的创造性问题。城市公共空间比如广场、商业中心和街区，它们在类型上千差万别，形式和规模也多种多样。这些公共空间通过富有活力的改造提升着行人和漫步者的街头生活，也成就着城市本身的形象。一方面它们处于过渡区域或十字路口，另一方面它们为使用者提供了消磨时光与举行活动的场所。广场是城市空间中最开放的形式，对形成城镇或城市起到不可估量的作用。一般来说，广场会成为发展中城市的核心，城市围绕它逐渐生长，阿姆斯特丹的达姆广场（Dam）就是如此。这样的广场通常由城市中最富风格的建筑环绕，比如布鲁塞尔的格罗特市集广场（Grote Markt）。即使国家统治者不赞同这种趋势，城市生活仍然围绕这些地方展开。

城市空间的设计可以追溯到古代，比如早期文明社会的广场，以及之后的其他形式的城市开放空间。城镇规划最古老的实例来自中国、印度、美索不达米亚和埃及，有据可依，一些公共广场已经存在超过5000年。在这些国家，公共区域更多作为展示权力的舞台，而不是公民的公共空间。城市公民首次真正使用公共空间是在古希腊。在几何时代的末期，小村庄连接在一起形成了城镇和城市。这些新聚落的中心作为公共空间被赋予了市场和社交聚会的功能，成为市集广场和活动舞台，人们在这儿交流意见，进行政治示威活动。正是在这里，在开放空间中，民主得到自由发展。

这些发展也塑造了古代最著名的城市广场的大致形象。当罗穆卢斯（Romulus）联合了“罗马七丘”的各统治者（随后这种统一导致参议院的产生），山丘之间的山谷地形成了古罗马广场。据西塞罗（Cicero）所说，聚落广场是一个城市的三大构成要素之一，其余两个则是大众文化和城市城墙。伊特鲁斯坎人（Etruscans）（初期并不包括来自台伯河市场的平民）来到罗马150年后建成城墙和朱庇特神庙。罗马公民已经建立了一个城市，之后它将成为一个世界帝国——罗马帝国。甚至在中世纪开始之

↖｜古罗马广场，罗马。在过去的几个世纪里，广场一直在扩大

↖｜Baptist Jean Androuet du Cerceau, Claude Chastillon and Louis Métezeau: 孚日广场，巴黎。最初称为“Place Royale”，有4个同样为140米长的外墙面

↖｜红场，莫斯科。第二次世界大战欧战胜利65周年纪念日游行，2010年

前，公共广场就已失去了它民主政治集会的功能，但在帝国时代它还是主要用作市场和教堂前广场，这样的使用能促进社会交往和小型会议，而不仅仅针对大型集会。公共广场在中世纪晚期恢复了它的政治功能，例如市政厅广场，法院的判决会在此宣布或实施。

在古代，广场已然如此：通常位于城市中心，主要街道从那里通向城门。城市的发展导致了一种层次结构：产生了主要城市和次级城市的四等分以及它们之间的连接轴线。在文艺复兴时期，法国皇家广场经历了统一的整修，城市被作为礼物献给君主，这类广场代表了一种新型的公共空间。16 世纪下半叶，教皇西克斯图斯五世（Sixtus X）开启了罗马的城市改建，主要教堂之间都用宽阔的街道相连。如米开朗琪罗设计的坎皮多里奥广场（Campidoglio Square）或者吉安·洛伦佐·贝尔尼尼（Gian Lorenzo Bernini）设计的圣彼得广场，这类场所都被建成连接区域或是道路轴线的终点，起着透视景观的作用。这些轴线形成了一种新的城市空间：它们不再是简单的街道或基础设施，而是静态广场的延伸。一个人需要沿着街头漫步，才能真正体验它们，尽管这些街道根植于巴洛克时代，但他们更代表着后来的市民社会。林荫大道如巴黎的香榭丽舍大道需要为单独而行的漫步者提供空间，而街区则需要为成群结队的散步者提供足够大的活动场所。

城市公共空间除了作为一个会面和散步的地方之外，它的第三个社会功能就是用作一个放松的场所。这与街区正好相反。在这里，使用者可以从长凳或屋顶平台的有利位置看到其他人在漫步、休憩或仅仅凝望如流的车水马龙，他们好像拥有私人剧院一般。这些观察者或是观察群体并没有积极参与到活生生的城市风景营造中，而只是作为舞台策划，在幕后默默无闻地、有意识地经历公共空间的使用。

自 19 世纪之后，街区和广场的功能越来越多样，而随着城市人口的大规模增长，全城市民集会（广场最初的用途）在现今几乎是不可能的。西塞罗预计约有 10000 人来广场参加他的论坛。如果这一数值再加上妇女、儿童与仆人，那总人口可能达到 50000—70000，按今天的定义，这将是一个中型城镇。19 世纪城市人口大爆炸导致了多种多样城市规划新方法的出现。这些方法最初不仅深受实用与健康主义的影响，而且还受到安全性策略的影响。在卡米洛·希泰（Camillo Sitte）已出版的《城市规划艺术原则》(City Planning According to Artistic Principles) (1899) 一书中，对审美考虑的重要性再次进行了强调，这种思维意识很快退居次要地位，取而代之的是要优先考虑个体交通。广场退化成交通枢纽，比如巴黎的“皇家”协和广场。自 20 世纪 70 年代以来，后现代发展的历程中一种新的思维方式开始显露，在罗布（Rob）兄弟和莱昂·克里尔（Leon Krier）的理论研究和一些广场实践作品中可以看到这一点，如查尔斯·W·摩尔（Charles W. Moore）设计的位于新奥尔良的意大利广场 (1978)。在这些实例中，市民们又再一次聚集到中心广场。后来，这些风格也过时了，市民们开始关注基础设施建设和城市规划；通过来自世界各地多样化的实例，这本书全面展示了上述一系列情形。

↗ | Jacques-Ange Gabriel：协和广场，巴黎，1756 年。法国建筑师希托夫（Jakob Ignaz Hittorff）在 1836 年用卢克索的方尖碑改造了广场

↗ | 塔希尔广场（Al Tahir），开罗，在人类历史上有着重要意义的广场

↗ | Charles W. Moore：意大利广场，新奥尔良，1978 年。一个为行人设计的后现代主义广场

集会广场
Forum

Handel Architects
New York

↑ | 黄昏时北边的水池

→ | 放置在护栏下的鲜花

“9·11” 国家纪念馆

National September 11 Memorial

纽约 New York City

32370 平方米的“9·11”国家纪念馆位于世界贸易中心遗址场地中，它的建造是为了缅怀在 2001 年 9 月 11 日和 1993 年 2 月 26 日恐怖袭击事件中的遇难者。这处场地被规划成一个用来冥想和沉思的公共空间，中心围绕着两个倒影池，它们被安置在原来世界贸易中心双子塔的位置。根据“意味深长的邻接”体系，每个水池外围的护栏板上都有序地雕刻着遇难者的名字。新广场中的两个倒影池勾画出遗址地面，让人们怀念遇难者，同时也把纪念馆整合进周边城市环境中。

项目情况

地址：美国纽约，World Trade Center 1。**合作建筑师**：Davis Brody Bond。

景观设计师：Peter Walker Partners。**客户**：National September 11 Memorial and Museum。

完成时间：2011 年。**建筑面积**：32375 平方米。**主要材料**：钢、混凝土、花岗岩、铜。

←｜鸟瞰世界贸易中心遗址场地

←丨场地平面

↓丨纪念馆的参观者

Marinaproject /
Nikola Basic

↑ | 城市光廊
↗ | 海浪风琴
→ | 玻璃地板，跳舞和休息的场地

海浪风琴和城市光廊

Sea Organ and Greeting to the Sun
扎达尔（Zadar）

海浪风琴被设计成台阶的形式，模拟了扎达尔海滨漫步道蜿蜒而行的变化趋势。石砌台阶被分成几部分，暗藏不同直径的聚氨酯管。空气通过海浪的拍打被挤进狭窄的管道，然后加速，最后在散步道下共振走廊内的管道发出声响，声音正是从这些神秘的管子开孔释放到外界空间中。和海浪风琴不同，城市光廊是一个非常复杂的装置，是功能类似于永动机的一种古老的结构。它被放置在滨海人行道上，由一个直径 22 米的圆形玻璃表面构成，配备了太阳能光伏板，底层是光点网格设计，由超过 10000 个分散的小灯泡组成。

项目情况

地址：克罗地亚扎达尔 Obala Petra Kresimira, 23000。**客户**：Port Authorithy and municipiality of Zadar。**完成时间**：2008 年。**建筑面积**：6000 平方米。**主要材料**：石头、玻璃。

↑ | 安装草图
← | 细部，黄昏灯亮时

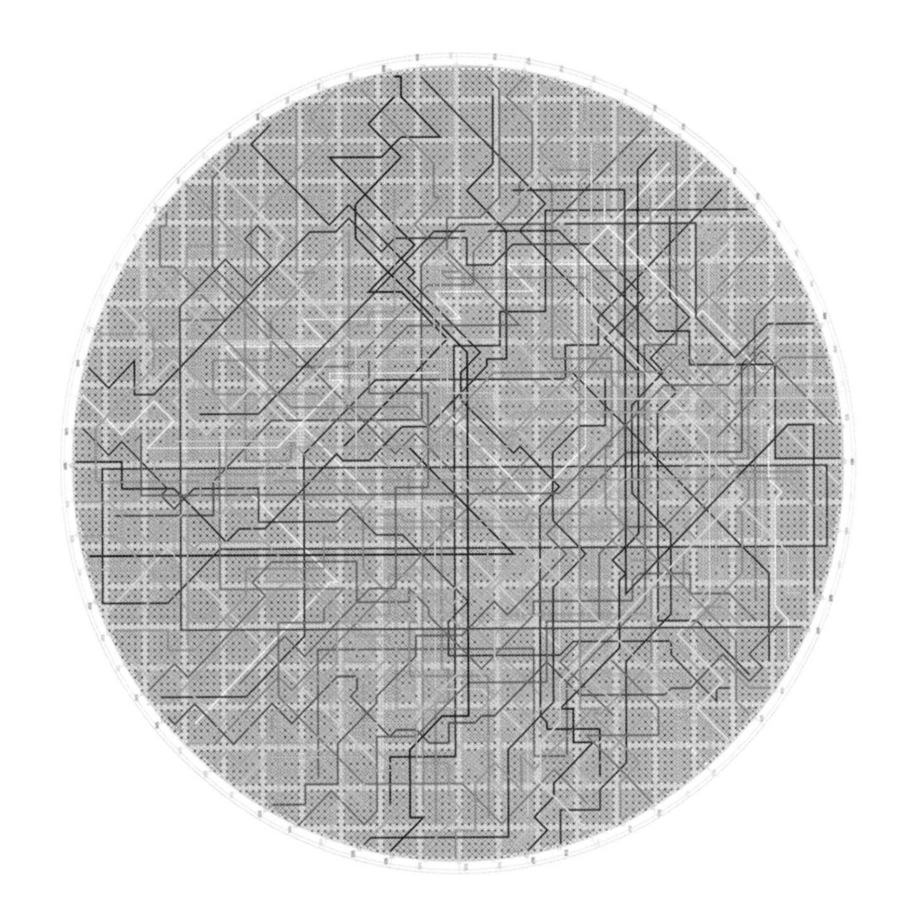

↖ | 城市光廊的照明方案

↓ | 场地设施和周边环境鸟瞰

UnSangDong Architects

↑ | 夜晚活动广场鸟瞰图

首尔文化节活动广场

Hi Seoul Festival

首尔 Seoul

首尔市中心看上去像是遭到巨型蜘蛛的攻击，被一个巨大的细丝网所包裹。事实并非如那般像世界末日。在建筑物和脚手架之间系上织物条带，从天而降的织物带迅速使单调的首尔广场（韩国首尔年度艺术节举办场地）变得活泼。今年聚会的主题是探讨环境、人类和技术之间的关系。60 条轻质的双层 PVC 构成了一种破裂的网格，悬浮在广场上空。一些条状结构有 200 米长，一端用起重机逐渐升起固定。条带精巧、轻薄、半透明，质地像宣纸一样。

项目情况

地址：韩国首尔，Taepyeongro Junggu 1-31。**客户**：首尔市政厅。**完成时间**：2009 年。

主要材料：麦网（mak mesh）。

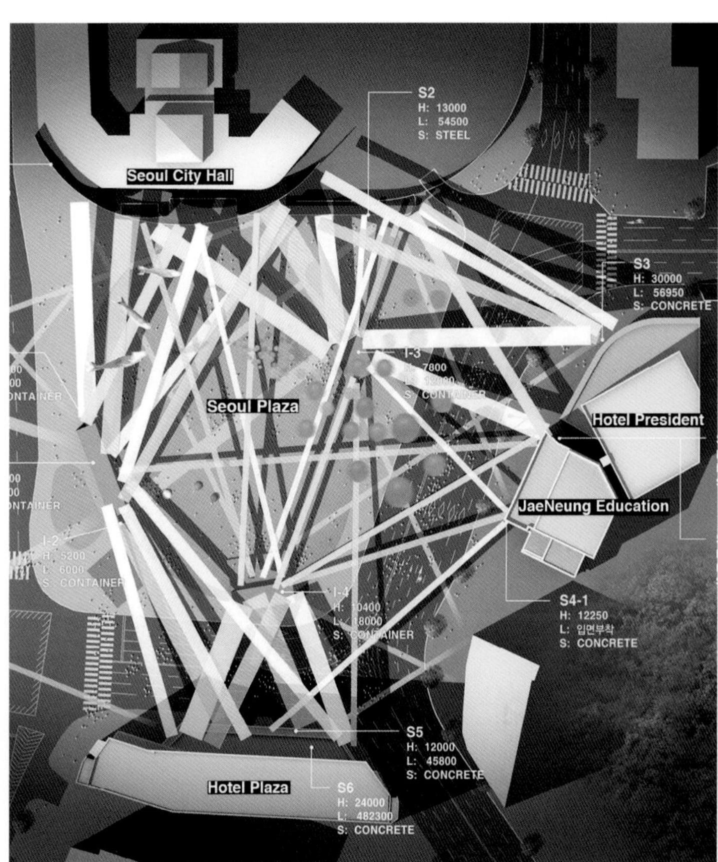

↑ | 织网的结构创造出掩蔽的氛围

↓ | 夜晚庆祝会的舞台

↑ | 场地平面

Rux Design

↑ | 礼拜期间用于祈祷的基座

↘ | 剖面图

隐没的清真寺

The Vanishing Mosque

阿布扎比 Abu Dhabi

隐没的清真寺是一处神圣的宗教祈祷空间，它被精心地编织进繁华城市的肌理中。零售场地、文化场馆、公寓、酒店和荫蔽的拱廊界定出广场的边缘。这个空间是专门用于礼拜期间做祈祷的，祷告一天至少进行 5 次。在其他时间和晚上，它是对公众开放的社会空间，用来漫步、约会和交往。清真寺的设计源于人的视点和人的尺度，它没有门或墙体，随时开放给任何人使用，与城市街道和日常生活无缝对接。

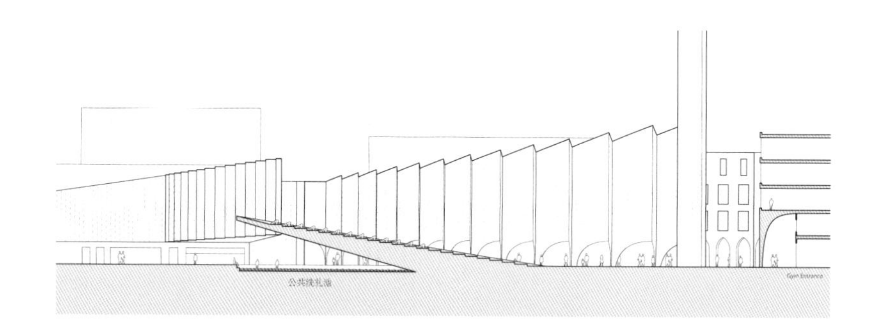

项目情况

地址：阿拉伯联合酋长国阿布扎比。**客户**：Design as Reform Volume 2 - Competition。
完成时间：2009 年。**建筑面积**：7060 平方米。**主要材料**：单片大理石石板、玻璃、混凝土、水。

↑ | 夜晚用于祈祷的基座

↑ | 鸟瞰图

↓ | 沉思池外部景观

Arriola & Fiol arquitectes

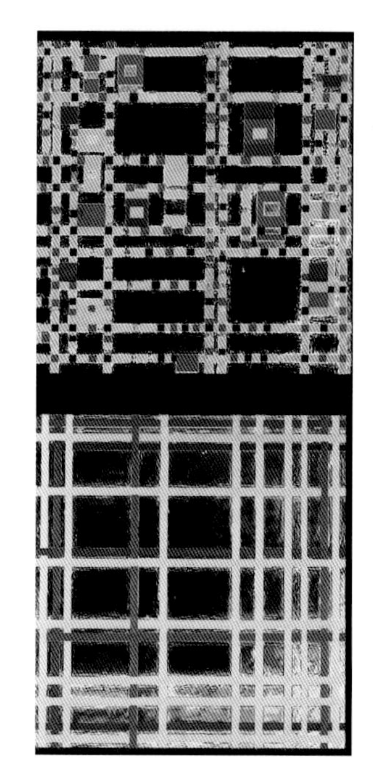

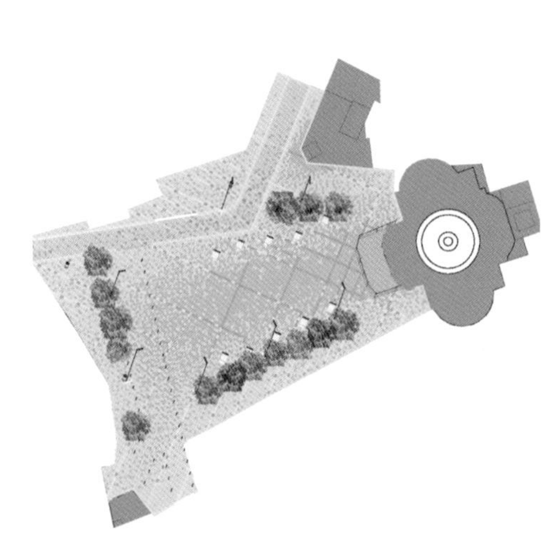

圣玛利亚坎波广场

Piazza Santa Maria del Campo

巴里 Bari

↖↖ | 广场概貌

↑↑ | 人行道设计方案

↖ | 模型鸟瞰

↑ | 场地平面

这个项目提出街道网络的合理化布局，这样能增强广场的可达性，使广场成为一个车辆可进入的聚会场所。用天然石材取代沥青，取消目前的人行道，总体设计利用现代方法对老城的街道进行分层处理，用维苏威火山岩浆的黑色石板材随机替换白色特拉尼石板材，设施包括椅子、长凳、垃圾桶和照明设备。

项目情况

地址：意大利巴里圣玛利亚坎波广场，70129。**规划合作伙伴**：巴里 BDF architetti。**客户**：Municipality of Bari。**完成时间**：2011 年。**建筑面积**：1300 平方米。**主要材料**：玄武岩石材、特拉尼石材。

Landarche

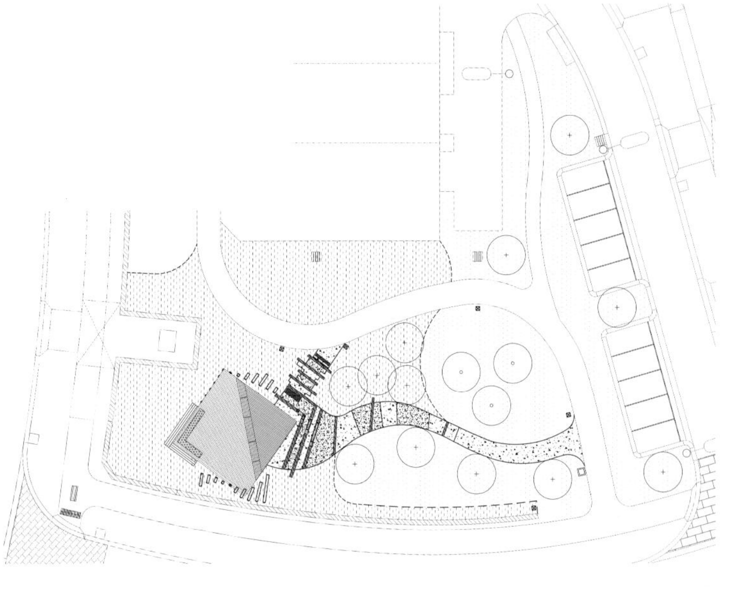

↑ ↑ | 卡尔·卢梭（Karl Russo）的初始设计效果图

↗ ↗ | 雕塑

↑ | 公园内通往雕塑的道路

↗ | 整个公园的场地平面

公园第四期项目

Stage 4 Park

奥菲瑟 Officer

场地坐落在阿里纳开发区最高的优势位置 ,180 度视线覆盖了第四期项目或更早的范围。这个项目的目的是利用场地最高点的现有观景台，公园的设计使游客能被观景台吸引，寻迹而去。蜿蜒的道路被繁茂的乡土植物和草坪环绕，最终慢慢直达雕塑。当游客进一步进入空间 , 雕塑以“光圈”的形式优雅地展开。

项目情况

地址：澳大利亚奥菲瑟，Arena Parade & Brownfield Drive, 3809。**规划合作伙伴**：Orchard Design。**客户**：AV Jennings。**完成时间**：2011 年。**建筑面积**：900 平方米。**主要材料**：植物、木材、露骨混凝土、生锈的低碳钢。

glasser and dagenbach
landscape architects

↑ | 公园内历史遗存的监狱墙（墙体现刻有新的文字）

↓ | 历史遗存监狱的速写图

↗ | 混凝土墙，示意囚犯的户外步道

↗↗ | 圆形监狱

→ | 鸟瞰图，示意监狱原有的两翼建筑位置

莫阿比特监狱历史遗迹公园

Moabit Prison Historical Park

柏林 Berlin

这个公园的主题和规划就像它的建筑和政治历史一样，在柏林的城市景观中是独一无二的。设计师既想把公园创建成一处纪念场所，同时又是人们放松和学习的地方。运用当代设计方式来保存、恢复和增强历史遗迹，依照极简主义的雕塑化设计原则，把建筑遗迹永久锚定在相邻的中央车站这一无序的城市空间中。在看似遥远的 50 多年后，柏林当地居民和游客仍可以追寻场所的历史意义，享受这一休闲资源。

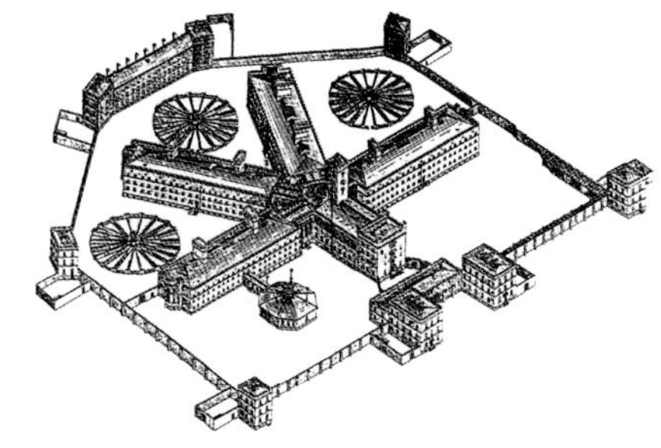

项目情况

地址：德国柏林，Invalidenstraße 54, 10557。**客户**：Borough of Berlin Mitte。**完成时间**：2006 年。**建筑面积**：3000 平方米。**主要材料**：彩色混凝土、150 年的老砖块、草坪、树木、红色树篱。

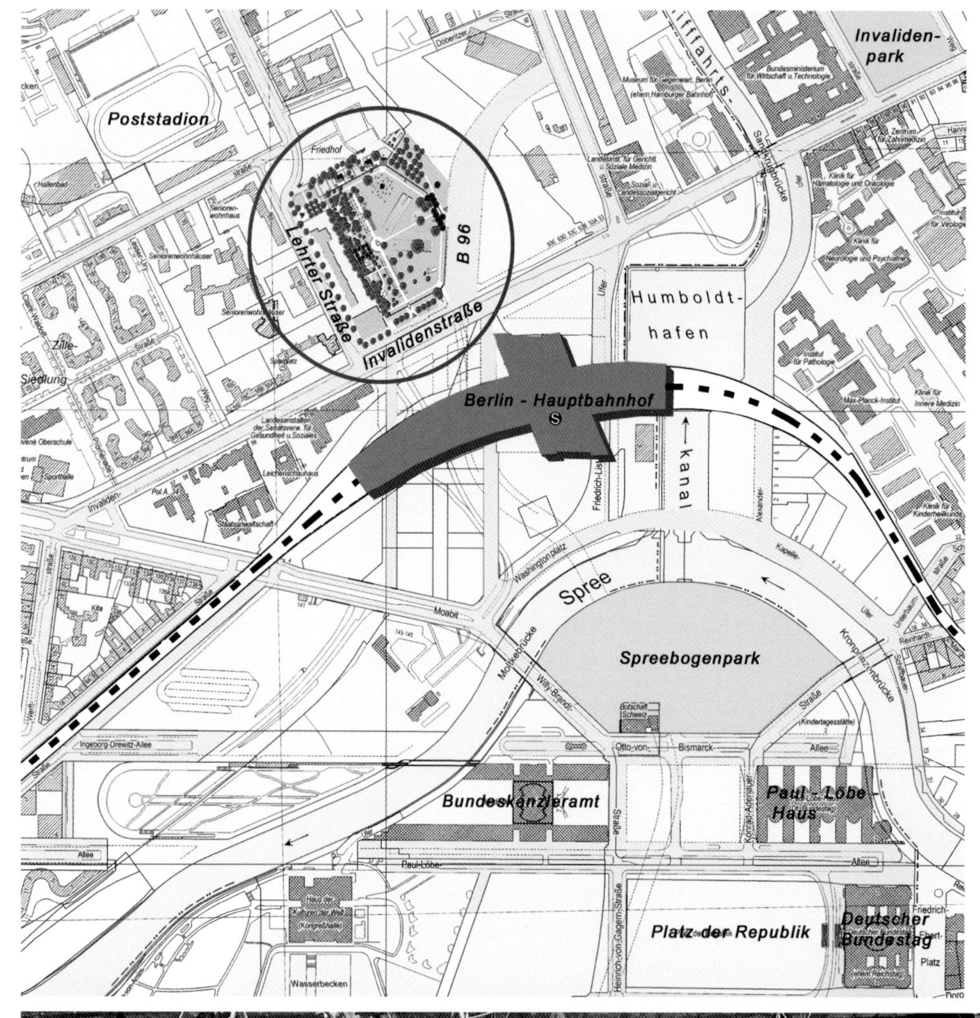

← | 位置示意图

↓ | 内部监狱入口

←丨按最初尺度重建的监狱牢房

↓丨外部监狱入口

Metagardens

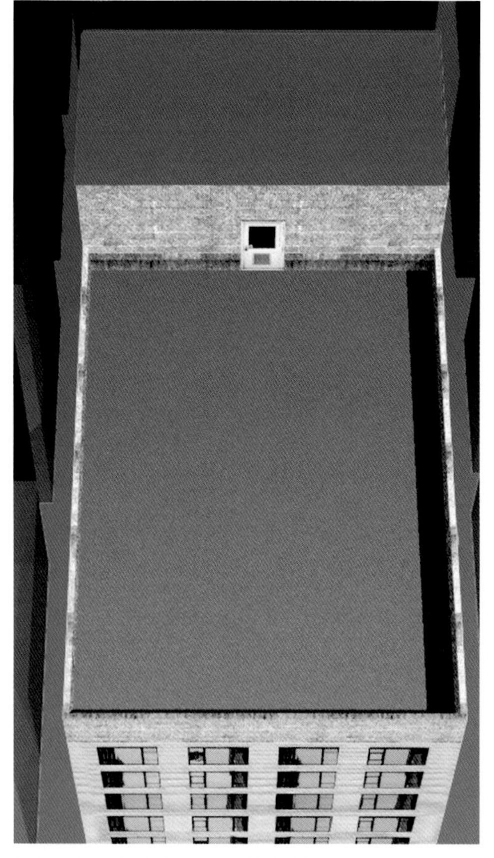

寄生屋顶

Parasitus_Imperator

适于任何场地

↖↖ | 现状环境（普通摩天大楼的屋顶）

↑↑ | 主要视图（城市屋顶花园动力表现）

↖ | 下视图，悬挂在外墙上的囊包封闭式植物

↑ | 不同的场景细部

寄生虫是世界上最成功的、最复杂的生物有机体。它们能躲避其他生物免疫系统的防御。它们能入侵至关重要的器官，将其转变为自己舒适的家。像刚地弓形虫（一种寄生原生动物）有能力改变其宿主的行为一样，寄生屋顶就是通过精心设计的机制和策略去感染和转换类似于宿主的建筑屋顶。

项目情况

地址：任何摩天大楼顶部的屋顶花园。**完成时间**：正在进行。**主要材料**：装饰盖板、可丽耐板。

HWKN

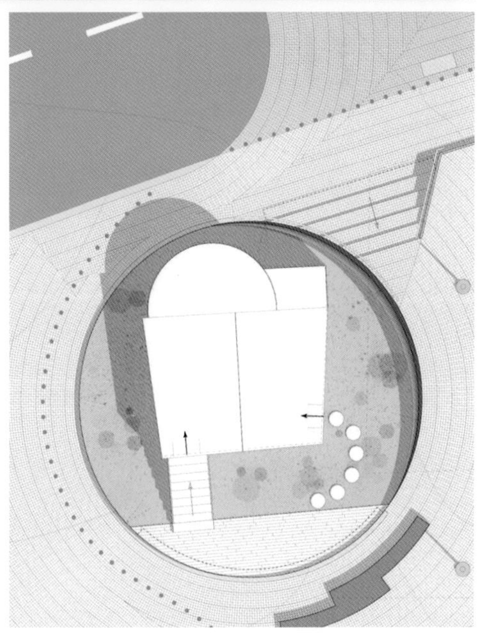

↑↑ | 广场，历史建筑被同心几何结构框架统一

↑ | 街道上的新型发光公共设施

↗ | 场地平面

考夫博伊伦城市中心

Kemptener Tor

考夫博伊伦 Kaufbeuren

为了重塑考夫博伊伦的城市中心，建筑师引入了一种异型的有机体，它发热发光，像星际外来物，能满足市民的功能需求。项目包括一个公共舞台、咖啡馆、自行车存车区、城市照明塔。辐射状的同心鹅卵石集成了传统德国街道的表面设计、波纹和外来的冲击影响。这个星际有机体由背光式加热成形的可回收丙烯酸建造。历史建筑加入同心几何框架，映衬出发光的新型街道公共设施。

项目情况

地址：德国考夫博伊伦，Kemptener Tor 1, 87699。**客户**：municipality of Kaufbeuren。**完成时间**：正在进行。**建筑面积**：5000 平方米。**主要材料**：背光式加热成形的可回收丙烯酸。

Clic Architecture

↑ | 主要景观效果图，花园
↓ | 剖面图

绿色住宅

Greenhouses Effects
斯特恩斯 Stains

这个方案旨在整合都市环境，使公共住房和开放空间结合起合。多模式枢纽（地铁和火车）是一个微妙的三维互联体（公共空间、运输方式和私人商业综合体）。新设计的区域把交通路径、城市空间和花园进行混合。该项目利用绿色住宅作为一种可能解决能源供给问题的方法。空间布局划分出公共空间，合并了私人种植屋顶，这是一种便于灵活使用的设计策略。

项目情况 **地址**：法国斯特恩斯，Les Batêtes, 93240。**客户**：Communauté d'Agglomération Plaine Commune。

完成时间：正在进行。**建筑面积**：70000 平方米。**主要材料**：玻璃、钢、木材、混凝土。

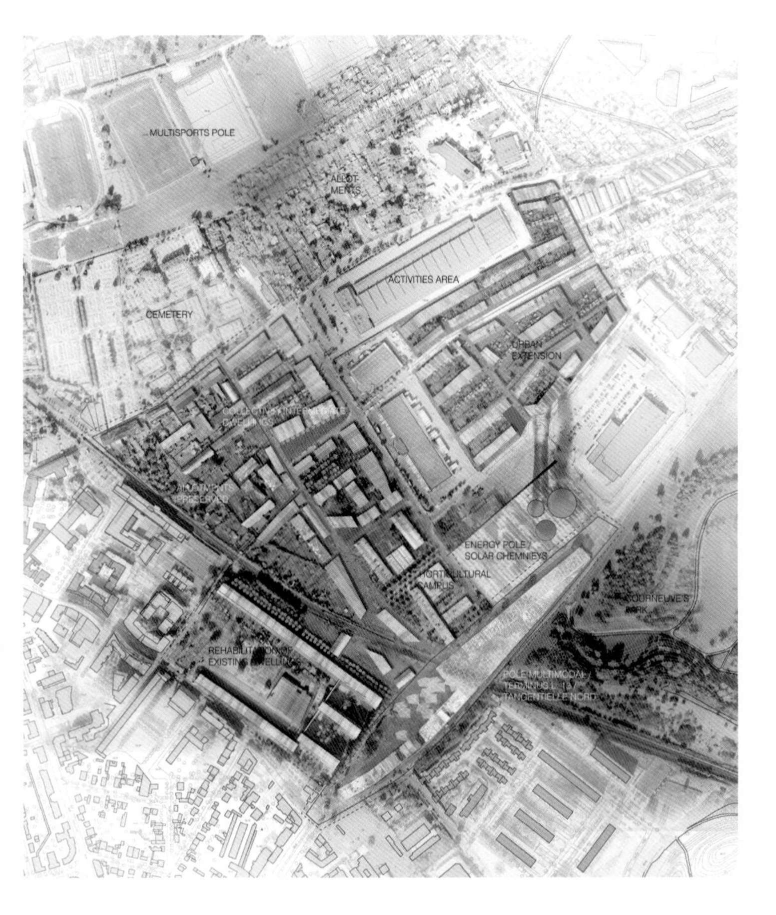

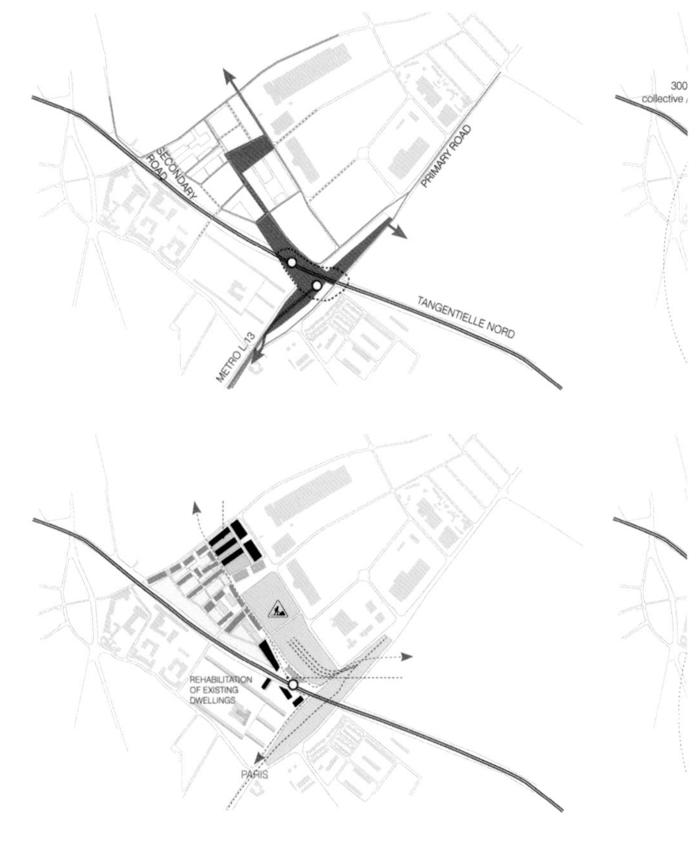

↑ | 场地平面

↓ | 多模式枢纽

↑ | 城市发展策略方案

Planergruppe Oberhausen

↑ | 广场边缘的居住空间
→ | 细部，傍晚时的长凳和灯柱

盖尔森基兴 – 埃勒商业广场

Market Place
盖尔森基兴 – 埃勒 Gelsenkirchen-Erle

抬高整个场地，以便于一切都在某种程度上强化广场的特点。花岗岩石膏建造了商业广场，同时也提醒汽车司机：没有人能在十字交叉路有通行权。一排唐棣属灌木包围广场，春天他们绽放花朵，秋天他们又变成铜红色。广场的游客可以坐在长椅上观看热闹的人来人往的市场。广场上的均质沥青路面以玄武岩划分空间作为特点，区分市场摊位空间和停车空间。在洒满阳光的广场中心布置了一种特别的座椅，沿着道路放置了灯柱，照亮这个新的商业广场。

项目情况

地址：德国的盖尔森基兴 - 埃勒，Marktstraße/Darler Straße，45891。**客户**：Municipality of Gelsenkirchen。**完成时间**：2011 年。**建筑面积**：4300 平方米。**主要材料**：鹅卵石花岗岩、鹅卵石玄武岩、沥青。

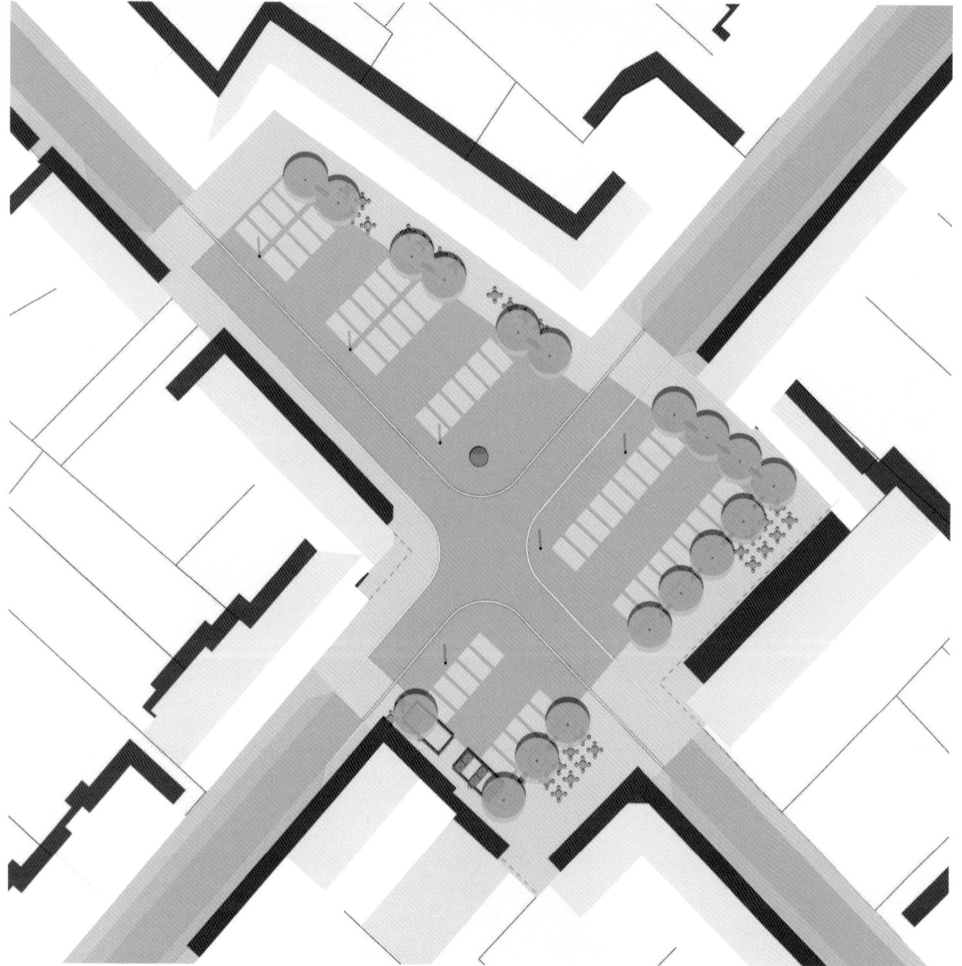

↑ | 鸟瞰图，市场

← | 场地平面

←|均匀路面强化了广场的特点

↓|铺装设计可以使空间交通顺畅

Maxwan
architects + urbanists

↑ | 横跨在主要出入口的大桥
↓ | 第聂伯河边缘

↗ | 从公园内看大桥
→ | 可作为节庆空间的欧洲广场

23 个系列公园

23 Parks

基辅 Kiev

事实上大多数公园是由一系列不同的空间组成，空间以某种方法联系在一起。这个设计的亮点是：把人的注意力吸引到这种空间布局类型，而非试图掩盖它。结合了四个绑定元素的一组不同的空间赋予了公园特性。历史上，山坡上是漂亮的、绵延起伏的群山，而现今被树木遮蔽。通过在种植和规划方面使山坡富于变化，公园将向人们揭示和展现一个更深层的意义：成为乌克兰丰富、多样化的生态陈列橱。

项目情况

地址：乌克兰基辅。**客户**：Municipality of Kiev, Central Department for Urban Planning, Architecture and Urban Design。**完成时间**：正在进行。**建筑面积**：4100000 平方米。

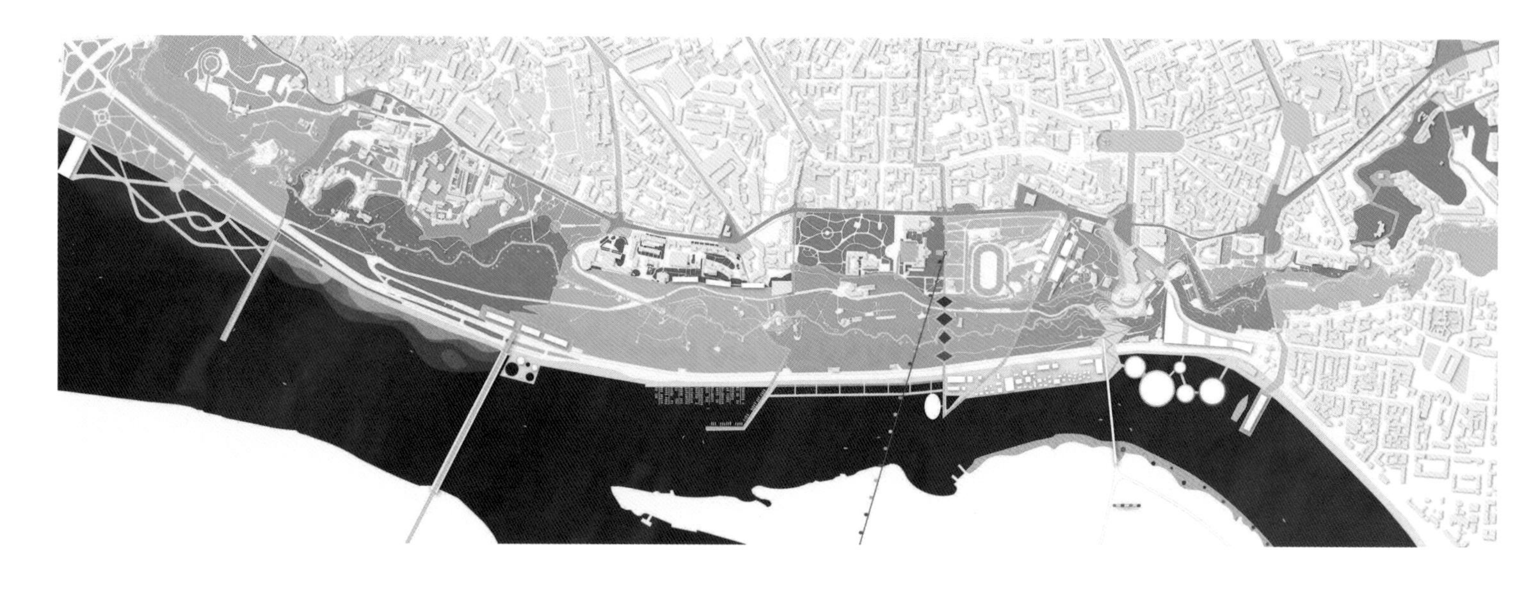

↑ | 场地平面

← | 街道效果图，大桥反射下方行驶车辆的光线

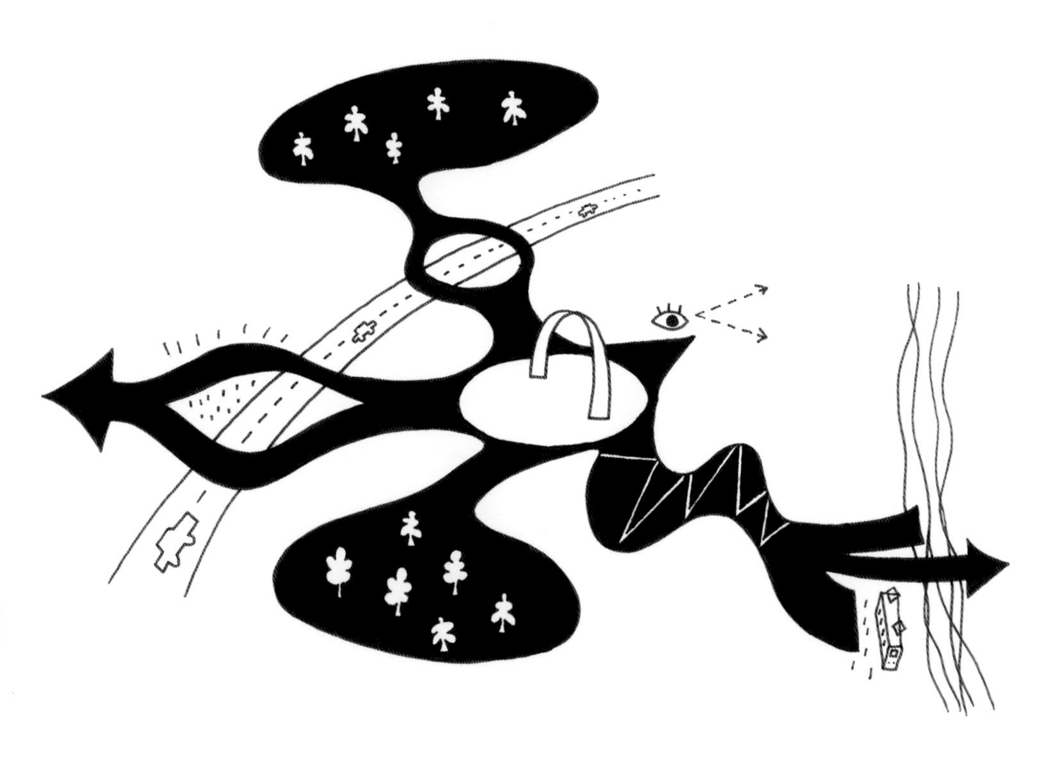

↖ | 连接规划图，拱门作为转折点

↓ | 滨河区域的连接情况

Dominique Perrault Architecture

↑ | 阶梯，可作为开放式露天剧场

→ | 2011 年学校 125 周年纪念日，校园山谷以及内部阶梯成为巨大的音乐厅

梨花女子大学

Ewha Womans University

首尔 Seoul

场地与校园、城市（新村区）以及紧临的南端地块都有着紧密的联系，这种复杂性需要大范围的、城市层面的设计考虑，而一个总体景观化的解决方案把梨花女子大学和城市构造编织在一起，让场地和城市连接起来。这道“校园峡谷”和位于其南端的条状运动空间一起创造了一种新的地形，在很多方面冲击着周边的景观：它是通往梨花女子大学的新通道，是人们日常进行体育活动的地方，是年度节日和庆典的舞台，同时也使大学与城市真正融合在一起。

项目情况

地址：韩国首尔西大门区（120 - 750）大现洞 11-1。**客户**：梨花女子大学校园中心 T / F 项目组。
完成时间：2008 年。**建筑面积**：70000 平方米。

↑ | 主要景观，屋顶绿色植栽和入口区

↙ | 场地平面

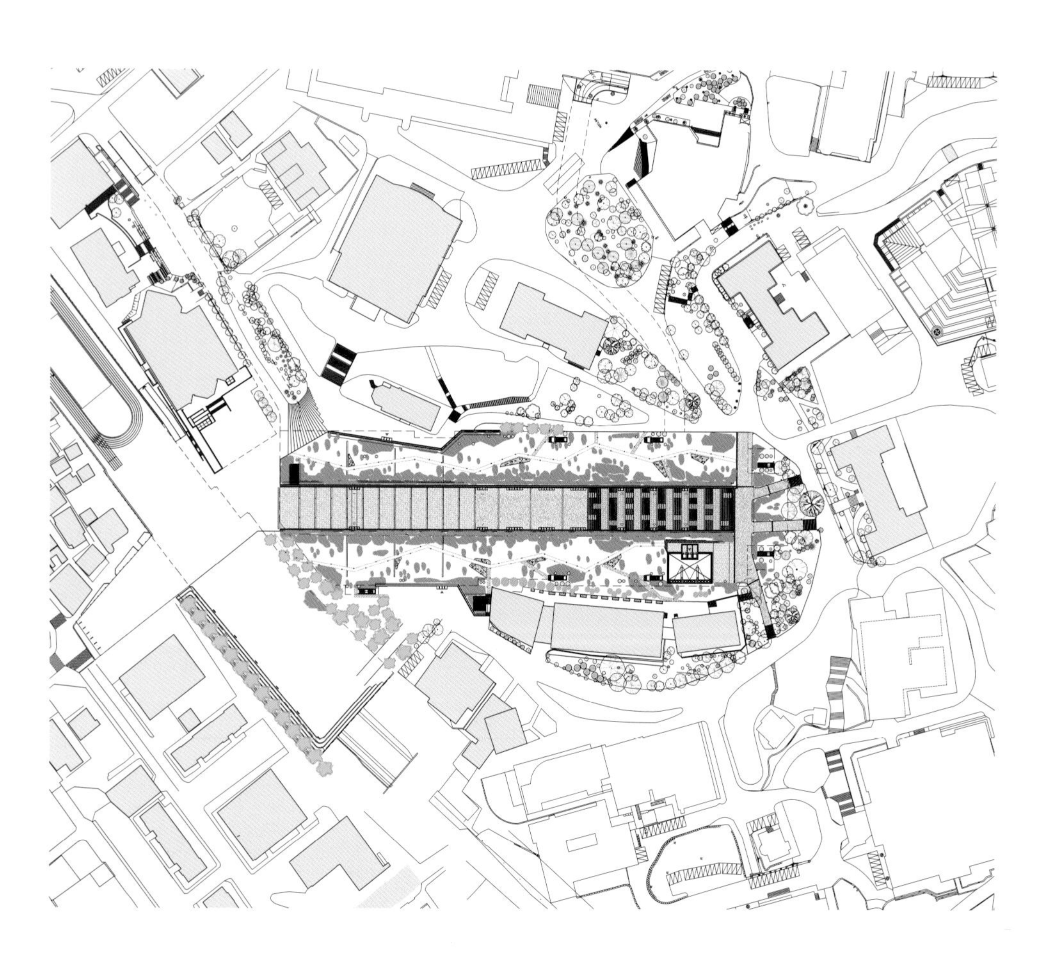

←丨大学建筑外观细部

↓丨剖面图

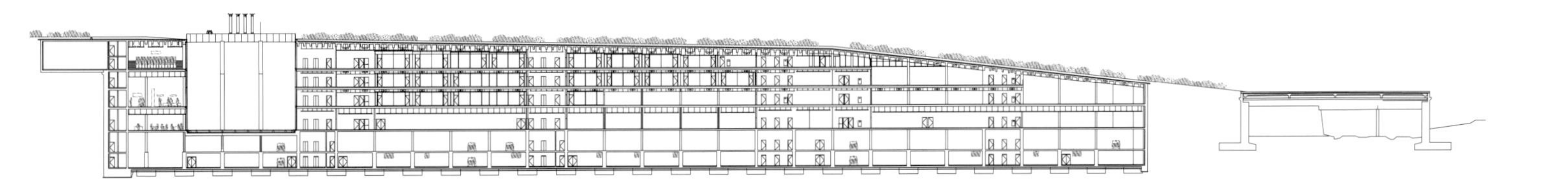

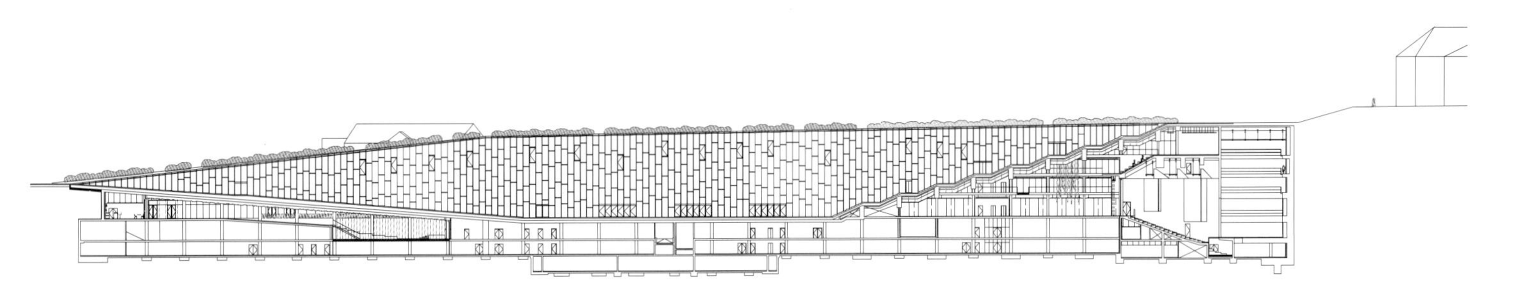

OKRA landschapsarchitecten

↑ | 夜晚的主要景观

↗ | 夜间被照亮的桥

→ | 台阶和水系统，利于创造平静的氛围

斯托拉河滨水景观

Storaa Stream

郝斯特堡 Holstebro

通过连接城市中心的两部分完成了斯托拉河滨水景观项目，这也是其区别于其他城市的一个主要特质。围绕在文化建筑（比如电影院和舞蹈剧院）周围的公共空间已经变成了一个露天舞台。“折叠”元素已经发展创造出一个由路径、小节点和空间组成的连续序列。这座桥处于中心位置，把折叠的城市河岸连接在一起，作为一个地方，人们可以通过或停留，看风景。

项目情况

地址：丹麦郝斯特堡。**景观设计**：Schul & CO Landskabsarkitekter。**照明设计师** Åsa Frankenberg。**客户**：Municipality of Holstebro, Teknik og Miljøforvaltningen。**完成时间**：2009 年。**建筑面积**：23000 平方米。**主要材料**：花岗岩、鹅卵石、浸漆混凝土墙、浅色花岗岩石块、花岗岩瓷砖。

↑ | 剖面图

← | 散步道在夜间有吸引人的照明设计

↖ | 场地平面

↓ | 水系统细部

Milla & Partner

↑ | 正殿，已经不作为皇家居所，而是放置一个玻璃投票箱象征选民选举

↓ | 城堡效果图，使用中的市民新城堡示意图

↗ | 市民新城堡重新焕发生机

→ | 一层举办的关于社会问题和政治教育的展览

市民新城堡

New Citizens' Castle

斯图加特 Stuttgart

新城堡是斯图加特和巴登符腾堡在空间上和历史上的中心。但这个“国家的心脏”是对公众关闭的，第二次世界大战后的重建使这幢建筑变成了政府的办公大楼。现今“市民新城堡”的概念则计划将它变成一个快乐的、鼓舞人心的地方，一个具有公共精神和个性认同的地方。这不是一个奢侈的重建，没有列出的区域将不再被改造，而是创造一些简单的、可用的空间，比如用来上课的研究室、可以进行演出和公众参与活动的房间、举办文化、科学、区域研究展览的空间，未来还将有一座城堡幼儿园和一个移民者的婚礼沙龙。

项目情况

地址：德国斯图加特，Schlossplatz 4, 70173。**客户**：米拉设计团队。**完成时间**：正在进行。**建筑面积**：30000 平方米。**主要材料**：建筑可再利用的结构部分。

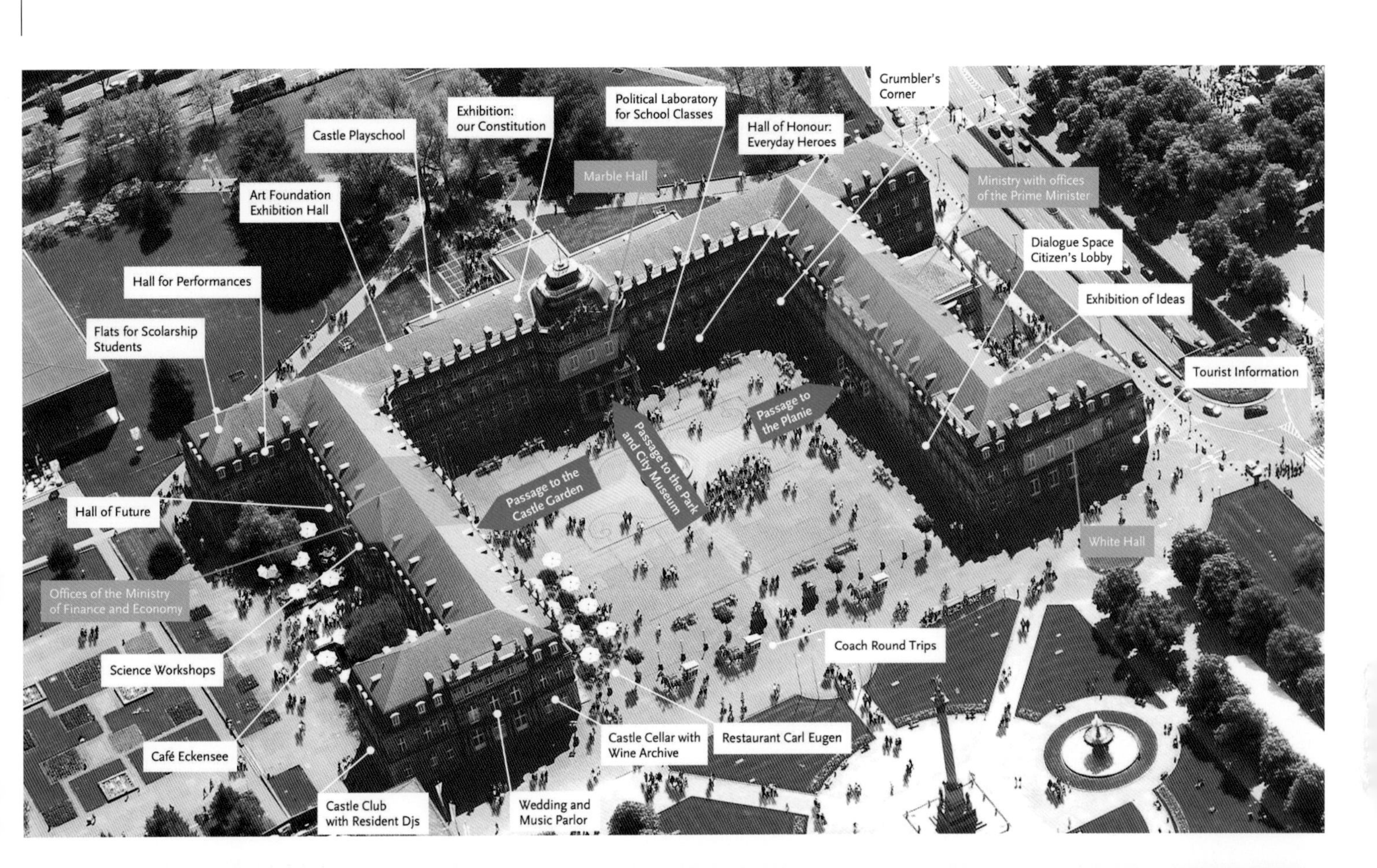

↑ | 主要景观，2010 年国际比赛时的就座和就餐空间
↓ | 厨房设备：桌子、角桌和烹饪台

模块化厨房

Kitchain

弗里堡 Fribourg

模块化厨房的项目创立于 2009 年，是在提议举办 Belluard Bollwerk 国际创作奖活动这一框架内发展出来的。模块化厨房把目标瞄准对烹饪和饮食礼仪的回应，它似社交与观念转变的一根巨大导火索，是一个模块化的、工作台式的开放系统，其灵感来自露营设备的灵活性。它由四个单元构成，这些单元能很容易地组装成一个建筑体，成为一个可以吃饭、做饭和放松的地方。该系统可以从两个方面使用：准备好的食物或是自己动手做。第一种是被动的：人们可以观察专业厨师的工作，品尝他们的美食。第二种是主动的：给游客机会，通过使用两个厨房设备，自己做饭，烧烤也被纳入此结构中。

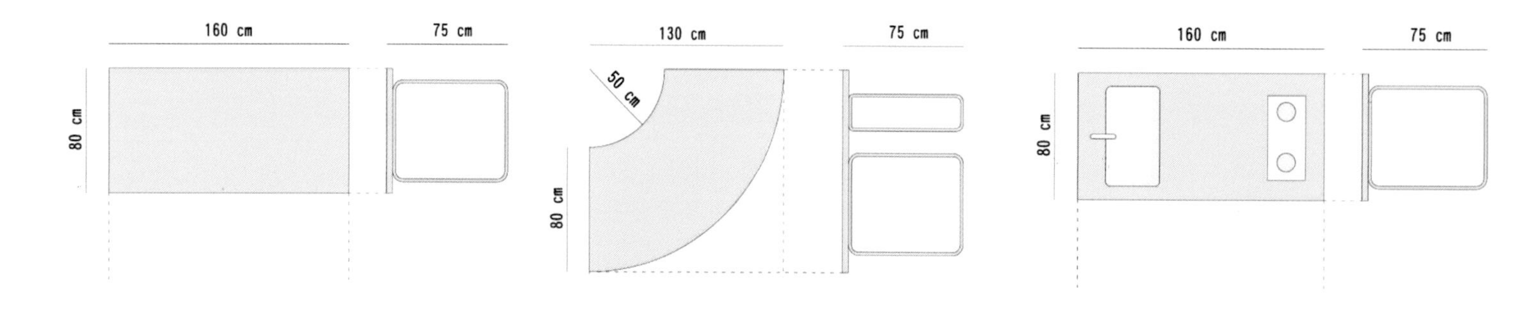

项目情况

地址：瑞士弗里堡，Case Postale 214, 1701。**规划合作伙伴：**Belluard Bollwerk International，Patrick Aumann, Adrian Kramp, Oliver Schmid。**客户：**Belluard Bollwerk International。**完成时间：**2009 年。**建筑面积：**650 平方米。**主要材料：**argolite kompakt。

↑ | 模块化厨房，2012 年在比利时举办的美食节，户外场景

↑ | 模块化厨房的烧烤设备，在 2009 年 Belluard Bollwerk International 中使用

↓ | 等距同构

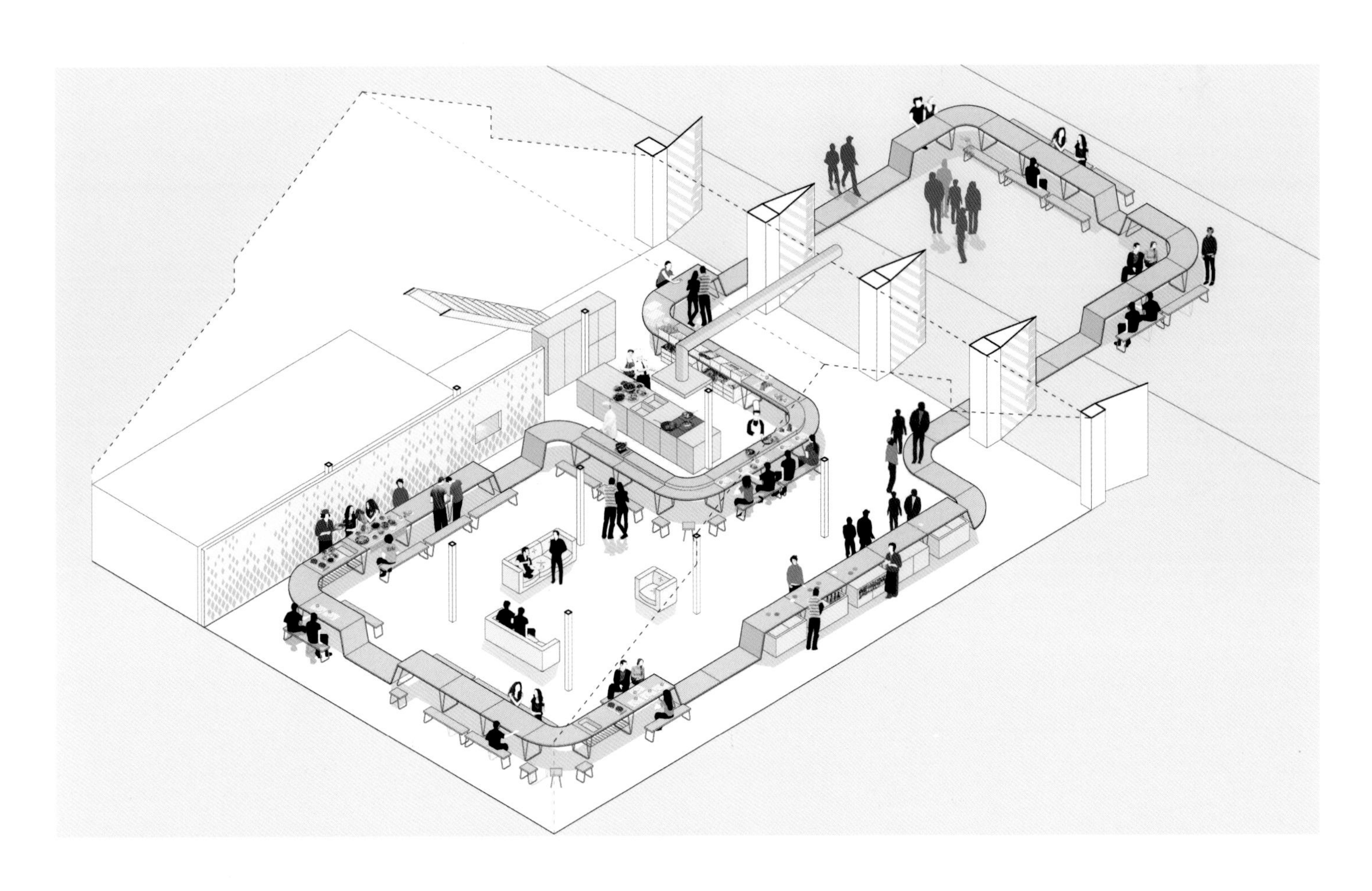

Corbeil + Bertrand
Architecture de paysage

↑ | 城市花园正视图
↓ | 剖面图

城市花园

Hortus Urbanus
蒙特利尔 Montreal

这个设计方案不同于封闭的花园，它内设一套绝对的现代装置，更接近于开放花园或者说是城市花园，它实验性地选用一些植栽和普通的材料进行设计，却用一种创造性的方式把它们进行并置，出乎意料地把它们打造得意味深长。木材、镀锌钢、回收聚合物、半透明的合成织物、残存的石板，和桦树一起形成一个整体。一个“绿盒子”与景观形成冲突，作为背景能即刻显露和隐藏这件由尹尼科·汉斯（Ineke Hans）创造的艺术品。

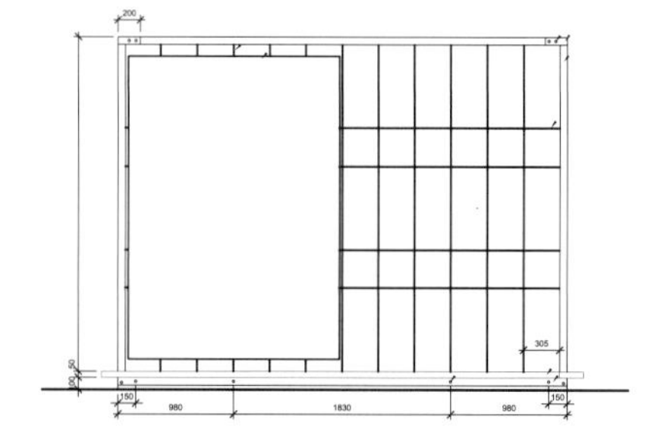

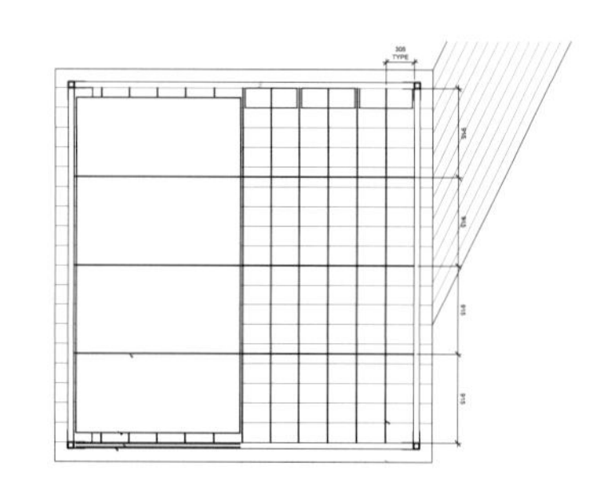

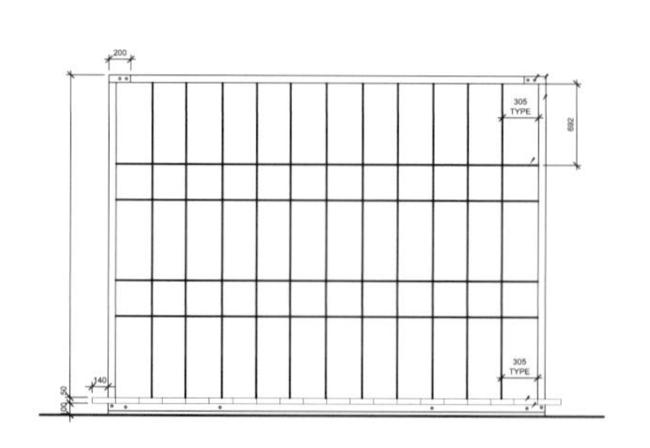

项目情况

地址：加拿大蒙特利尔市老城区。**家具设计师**：Ineke Hans。**客户**：Flora International Montreal。
完成时间：2007 年。**建筑面积**：89 平方米。**主要材料**：桦树、铁杉板、板岩片、镀锌种植箱。

↑ | 内部，荷兰家具与日本的攀援墙

↑ | 花园主入口，其前方铺设木板路

↓ | 场地平面

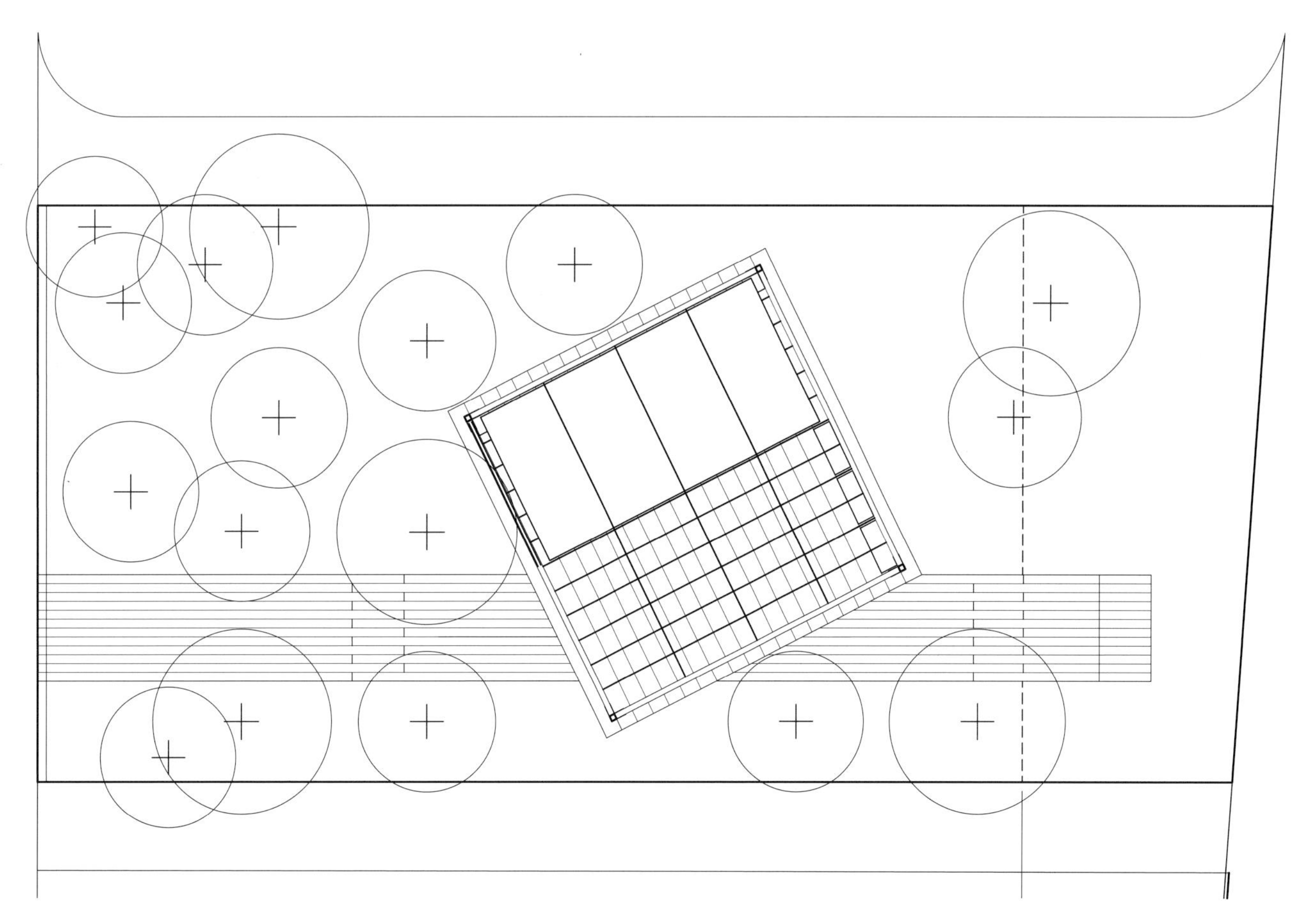

Annabau Architektur und Landschaft

↑ | 雕塑活动场的主要景观

↓ | 不同活动空间的规划

雕塑活动场

Sculptural Playground

威斯巴登 Wiesbaden

这个新的公共空间的核心是一个艺术化的活动场，它由一个大型空间结构组成。因为雕塑化的非凡设计，新的活动场试图强调城市场所的意义，并提供一个有吸引力的和复杂的游戏活动区域。起决定性作用的元素是一个立体雕塑，它由两根绿色钢管间或弯曲并架空在一定高度。在一些地方钢管的悬臂达到 15 米。五边形结构源自威斯巴登历史上曾有的城市形状，而管道戏剧性的突然下降则象征城市现状，从而形成出入口位置或是一些俯瞰点。

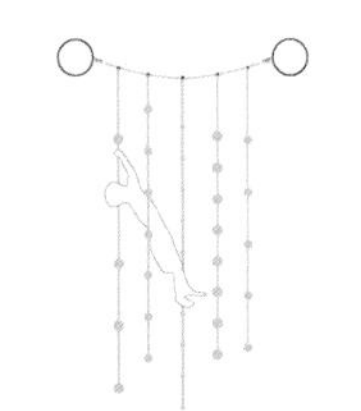

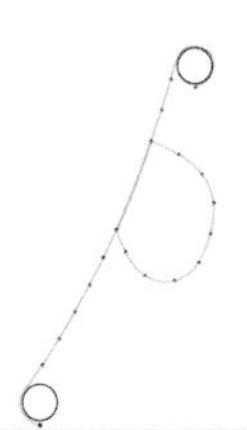

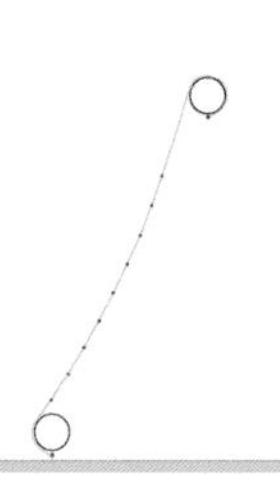

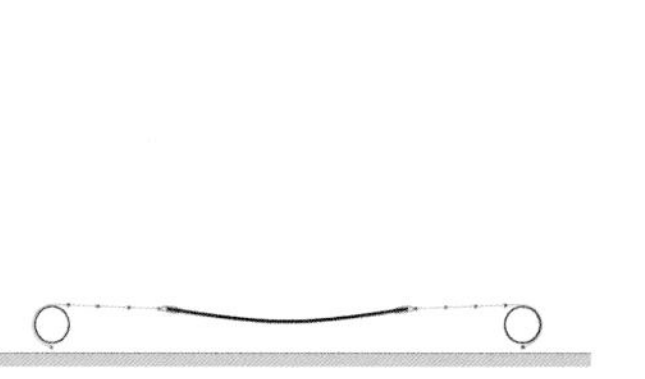

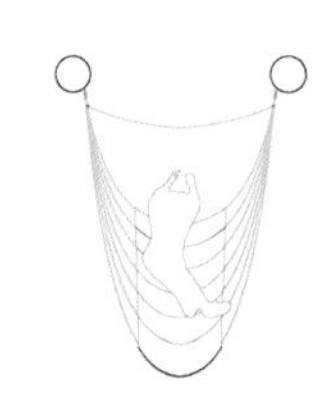

项目情况

地址：德国威斯巴登 Schulberg, 65183。**客户：**Amt für Grünflächen, Landwirtschaft und Forsten, municipality of Wiesbaden。**完成时间：**2011 年。**建筑面积：**3250 平方米。**主要材料：**钢铁、绳子、颗粒状橡胶、沙子。

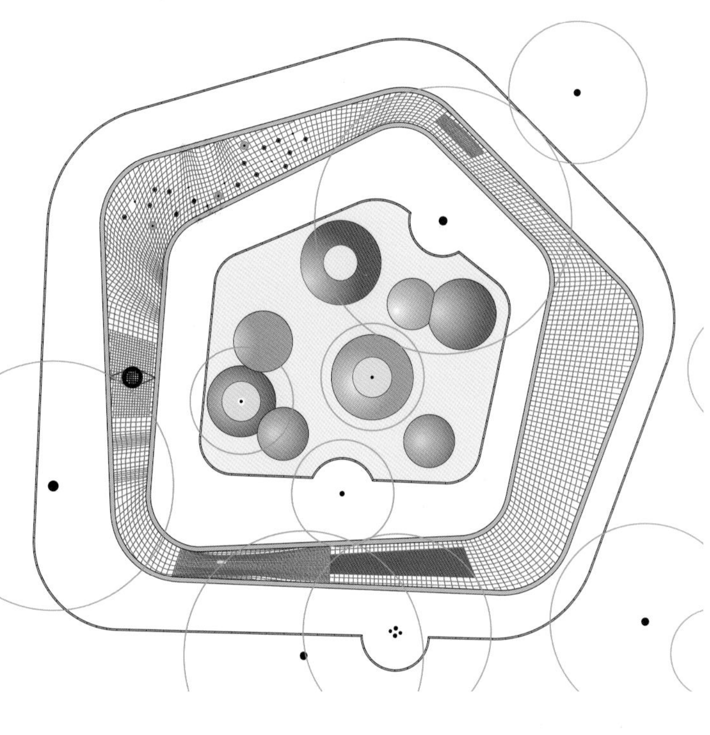

↑ | 儿童活动

↓ | 攀登架

↑ | 场地平面

idealice
Landschaftsarchitektur

↑ | 主要景观效果（沥青和特拉维）
↓ | 全景，山型结构

“立体图形”校园运动场

Schoolyard “Die Graphische”

维也纳 Vienna

学生们都是在课间或放学后使用校园。设计师咨询了学生喜欢哪种类型的校园设施，学生希望空间“宁静和放松”，这一点也应当被纳入设计。因为没有休息座椅的预算，景观设计师利用一种均匀铺路材料——特拉维（Terraway）设计成躺椅和休息空间。这个设计的优点是：材料摸起来舒服，而且低维护，可以粗放管理。它能让水快速渗透并迅速干透。小山形状的设计也是独特的，因为是第一次用这种材料形成这种类型的景观。山坡地形在高度和形式上有变化，从而提供不同的休息座位和沟通空间。

项目情况

地址：奥地利维也纳 Leyserstraße 6, 1140。**客户**：Stadtschulrat für Wien, BIG, ÖISS。**完成时间**：2011 年。**建筑面积**：3600 平方米。**主要材料**：特拉维（Terraway）。

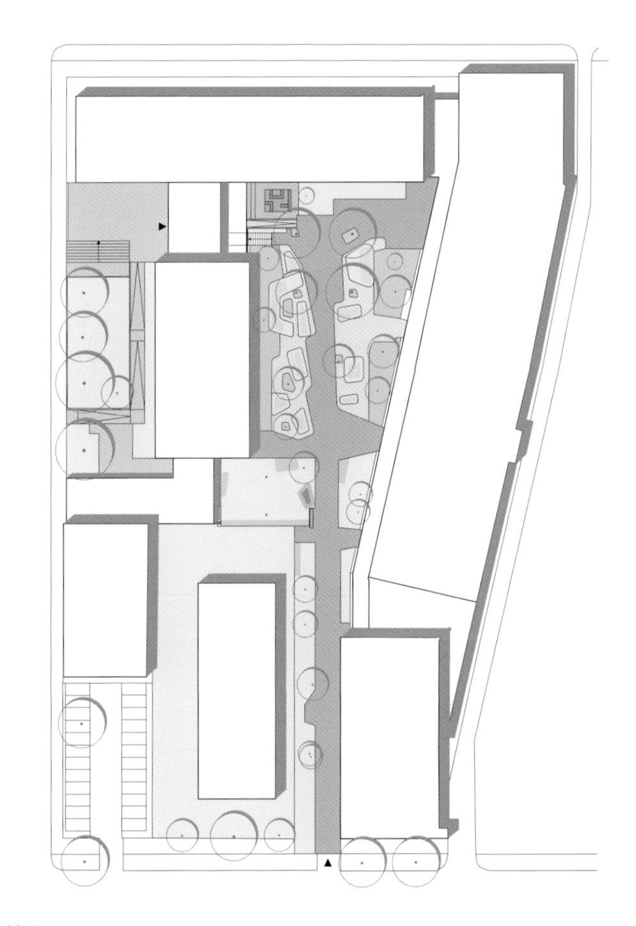

↑ | 山坡地形作为休息座椅，为学生提供放松休闲的场地

↓ | 地形变化的空间

↑ | 场地平面

FoRM Associates

↑ | 广场，正在开展社区活动

凯特林商业广场

Market Place

凯特林 Kettering

这个商业广场是凯特林城镇中心和周边地区复兴计划首批实施中的一项。它提供了一个有吸引力的、有趣的地方，让人们全年可以开展一系列公共活动。同时它也提供了一个理想的环境以满足朋友聚会和放松的需求。商业广场的一大亮点是夜晚的灯光喷泉。新空间通过新的景观特征和使用功能来强化它作为一个重要公共领域的身份，同时也保留其原始功能和角色。设计方案优先考虑了骑车人和行人，在铺装表面进行了细微变化。此外，增加了座椅、公共艺术品和零售空间使广场更加生活化。

项目情况

地址：英国凯特林商业广场。**客户**：凯特林镇议会。**完成时间**：2009 年。**建筑面积**：2000 平方米。**主要材料**：单片花岗岩块，花岗岩铺面块体。

↑ | 广场内喷泉景观

↑ | 商业广场，为各种活动提供空间

↓ | 场地平面

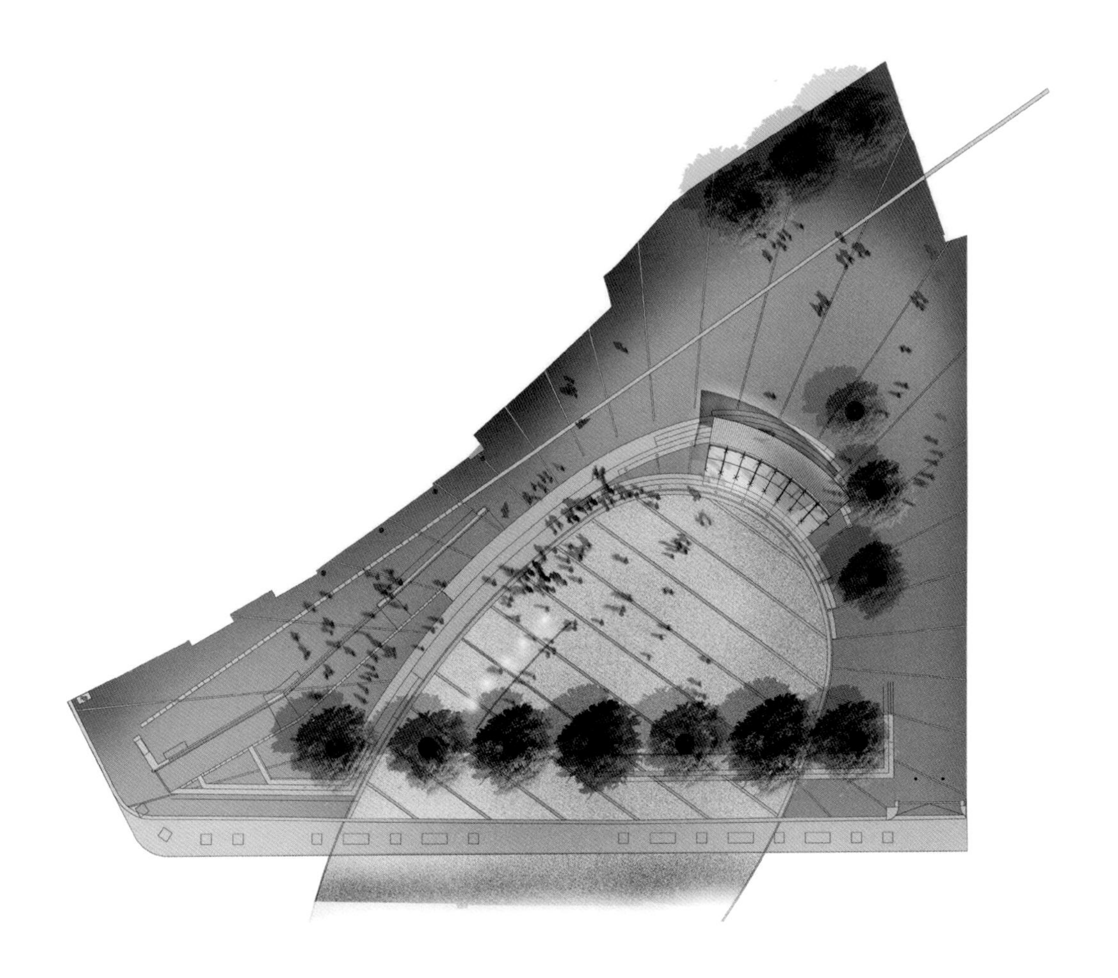

mmmm...

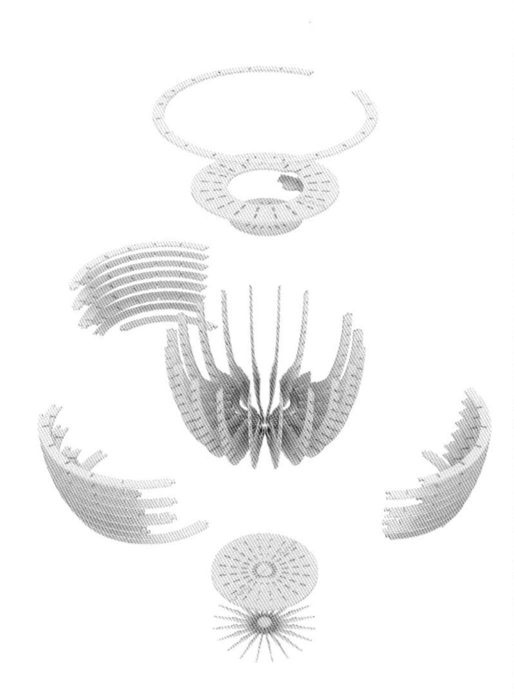

↖↖ | 平面图

↑↑ | 时代广场，“约会碗”给人们提供休息空间

↖ | 正在使用中的“约会碗”

↑ | “约会碗”细部

“约会碗”

Meeting Bowls

纽约 New York City

“约会碗”是小群体聚会、增进了解和交谈的社交场所。它是一个形状像碗的大型物体，能容纳 8 人就座。这个诱人的半球形胶囊仓被安装在可以供大量行人活动的户外空间，坐在其内，人们可以面对面增加互动。这类“社交型座椅”比典型的公共座椅更亲密，当人们进入或迈出“约会碗”都会带来轻微的摇摆，然后再重新寻求平衡。

项目情况

地址：美国纽约时代广场。**合作建筑师**：Emilio Alarcón, Alberto Alarcón, Ciro Márquez, Eva Salmerón。

客户：时代广场联盟。**完成时间**：2011 年。**建筑面积**：5.2 平方米 / 个。**主要材料**：防潮性中密度纤维板。

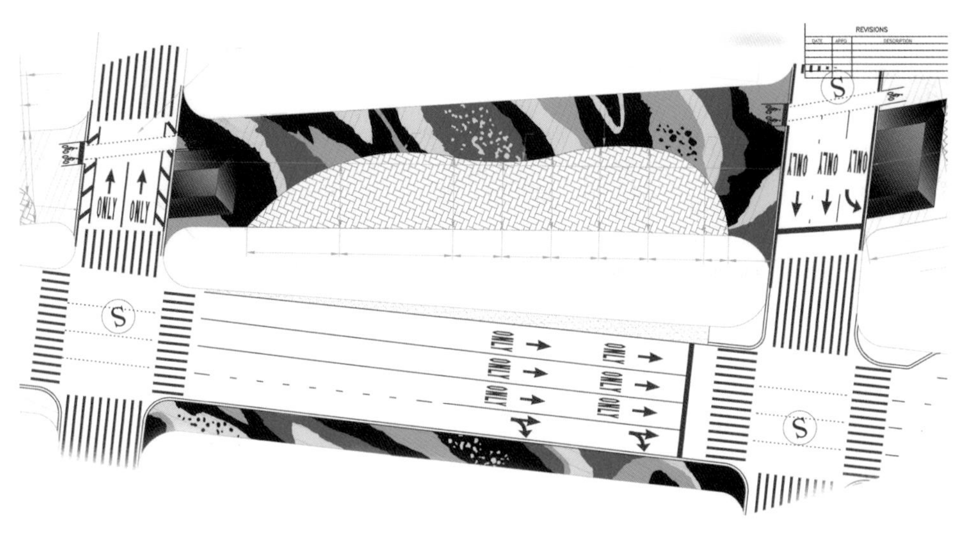

↑↑ | 杜菲（Duffy）广场开幕

↑ | 从第 43 到第 44 街区平面图

↗ | 时代广场

“冷水，热岛”街区景观

Cool Water, Hot Island

纽约 New York City

2010 年 6 月，百老汇的路面上覆盖了 4650 平方米的巨型绘画，从时代广场第 42 大街一直到第 47 大街整整 5 个街区，这些绘画计划持续 18 个月。凉爽的蓝色暗指市中心历史上的地理情况，特别是格雷特凯尔溪（Great Kill stream）曾从时代广场附近流过。选择这种冷色调能使广场上的行人感到镇静和舒适，与霓虹灯广告牌的红色和黄色形成鲜明对比。

项目情况

地址：美国纽约时代广场。**客户：**纽约市。**完成时间：**2010 年。**建筑面积：**15000 平方米。**主要材料：**街道表面涂料。

GUN Architects

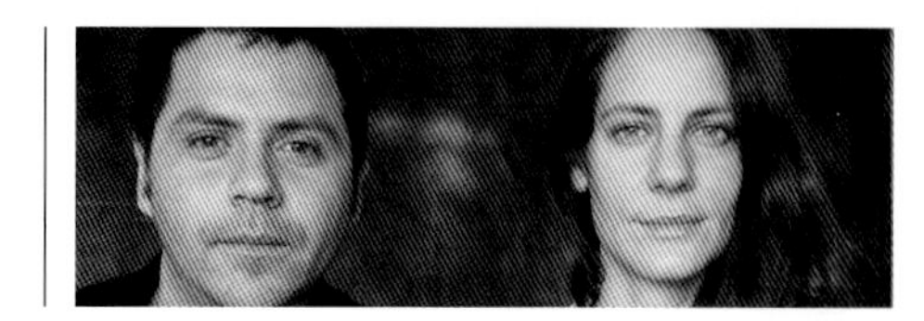

↑ | 水之教堂全景
↓ | 剖面图

水之教堂

Water Cathedral

圣地亚哥 Santiago de Chile

水之教堂在 2011 年入选了现代艺术博物馆的国际青年建筑师项目。该项目作为户外夏季装置为公众建造使用。一个巨大的 700 平方米的大厅由悬吊在钢结构上的三棱镜组成，创建出一个神秘的、好玩的空间，这让人想起洞穴里的钟乳石。成群的组件按不同的密度和高度排列，以不同的速度轻轻地滴水。雕塑般的作品创造了清新和明暗的气氛，不同强度的地面增强了落下的水滴声，在地面上有一片混凝土石笋林，充当座椅和储水设施。

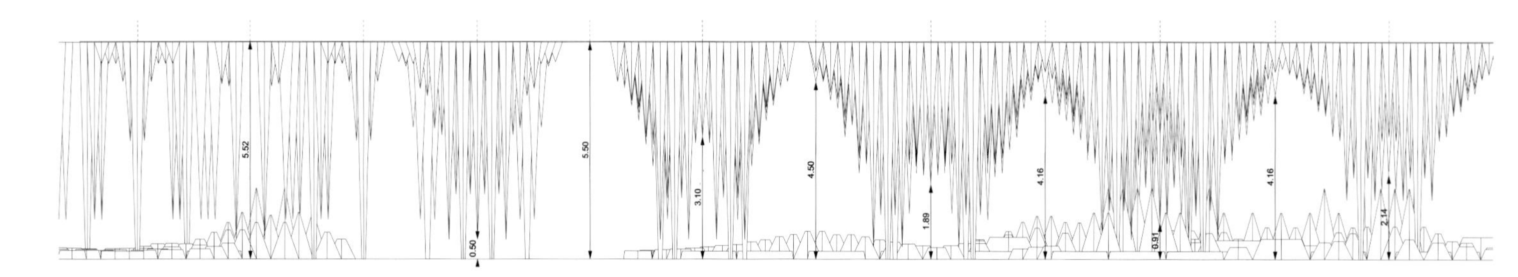

项目情况

地址：智利圣地亚哥 Matucana 100。**客户**：Constructo。**完成时间**：2011 年。**建筑面积**：700 平方米。
主要材料：钢结构框架、金属网格、悬挂织物棱镜、混凝土截棱镜。

↑ | 细部，混凝土石笋收集来自钟乳石的水滴
↓ | 来自钟乳石的水滴

↑ | 钟乳石林，一片光线过滤林

Paredes Pino

↑ | 广场的主要景观效果

↓ | 广场有可用作集市的空间

→ | 多彩的顶棚细部

科尔多瓦城市开放活动中心

Open Center of City Activities

科尔多瓦 Córdoba

基于不同高度和直径的预制圆构件，这个项目做了一套解决方案。这些圆构件紧密相临，灵活多变地排列，看上去像是有着一片树影的城市森林。设计方案针对的是科尔多瓦城市新中心的一个重要部分，它使人们接触到一种充满活力、多彩的城市肌理，且没有压制现存的结构。更确切地说，它让使用者与空间产生互动，而不仅仅是通行的功能。“伞面”由钢制，“伞柄”则填满混凝土。

项目情况

地址：西班牙科尔多瓦 Islas Sisargas Formentera Cies。**合作建筑师**：Raquel Blasco Fraile, David Pérez Herranz。**客户**：Proyectos de Cordoba Siglo XXI Procordoba。**完成时间**：2010 年。**建筑面积**：11920 平方米。**主要材料**：钢铁、水泥、彩色铝、砖块。

↑ | 鸟瞰图，广场在夜间的照明

↙ | 总平面图

←丨黄昏时的顶棚与路面铺装

↓丨屋顶平面图，多彩的顶棚

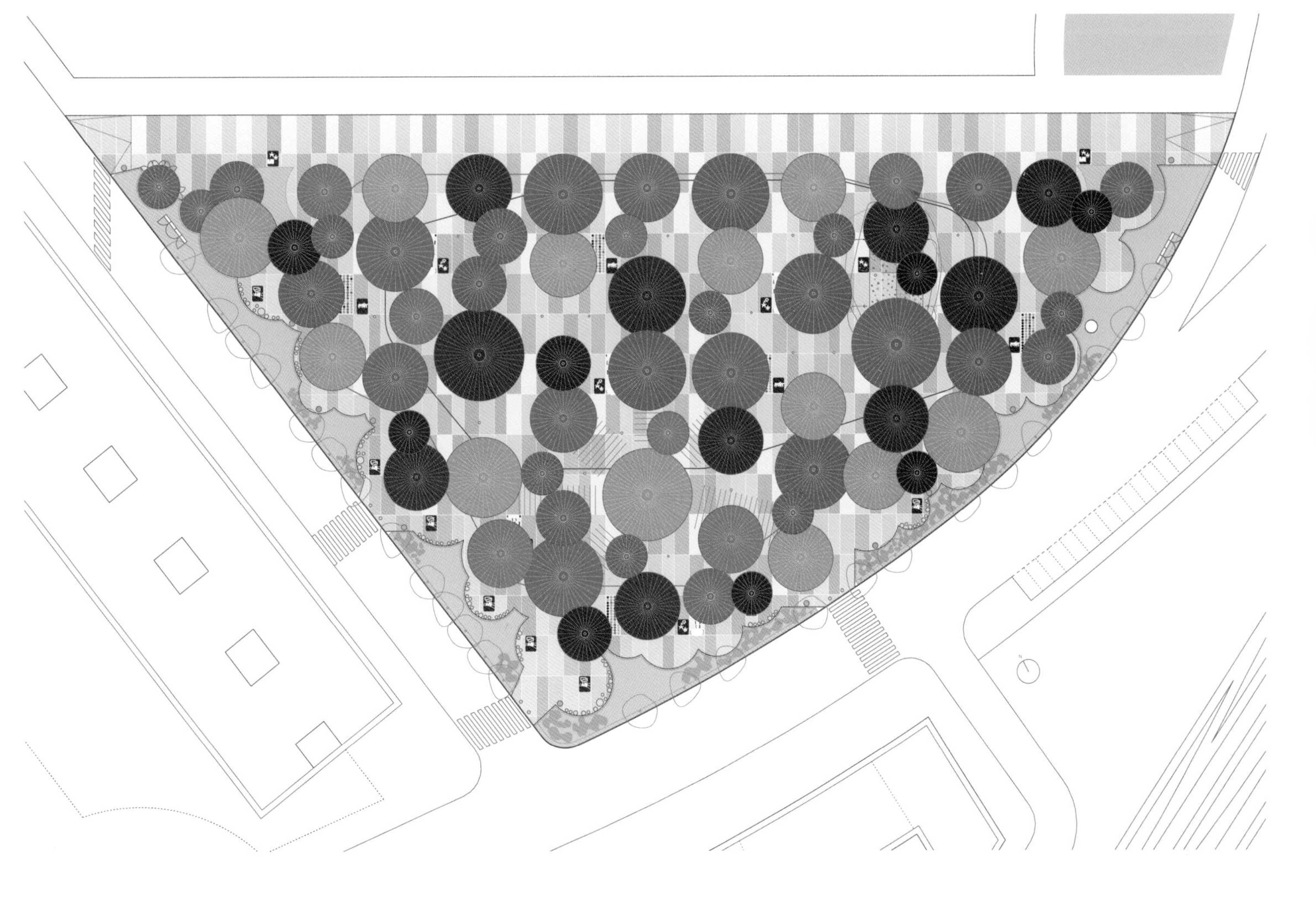

休闲广场
Theatron

Rios Clementi Hale Studios

↑ | 主广场，天篷对历史上曾有的大教堂提供补充标识

↗ | 阴影结构带来的视觉趣味

→ | 遮阳天篷增加了景观色彩

圣安东尼奥城市主广场的遮阳构筑物

Main Plaza Shade Structures

圣安东尼奥 San Antonio

该项目委托 Rios Clementi Hale 工作室设计创作了能遮阳的天篷，新种植的树木生长其间。遮阳天篷的设计灵感来自圣安东尼奥的手工制作传统、丰富的多元文化和民族历史。天篷从审美趣味上考虑被设计成穿过树群的编织带，树群结构融入场地与基底铺装中，隐没于明亮清新的一系列彩色条带中。在蓝天和绿叶的映衬下，浮动在钢结构上的彩带显得格外醒目。项目尊重多重文化影响，找到恰当的平衡，同时标识出历史上曾有的教堂建筑的位置。

项目情况

地址：美国得克萨斯州圣安东尼奥市，North Main Street 115，78205。**艺术顾问**：Garcia Art Glass。**客户**：The Main Plaza Conservancy。**完成时间**：2009 年。**建筑面积**：6300 平方米。**主要材料**：钢铁、有色板。

↑ | 黎明拂晓时的天篷

← | 天篷能缓解太阳直射

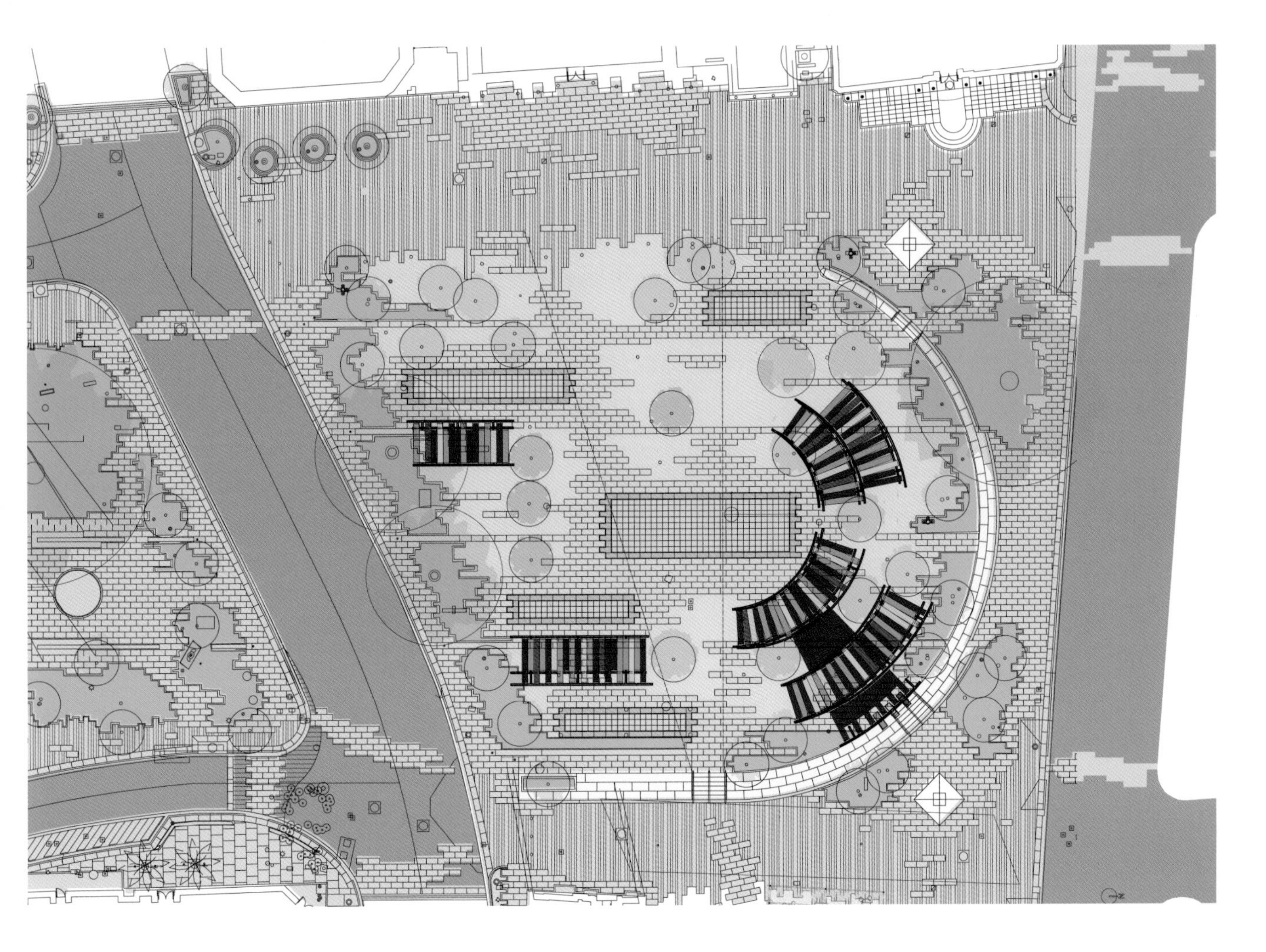

←丨天篷旁边的水景

↓丨主广场上遮阳天篷的结构布局规划

West 8 urban design &
landscape architecture

↑ | 波浪形桥在黄昏时的照明景观
↓ | 场地平面

中央滨水区波形栈道

Central Waterfront WaveDeck
多伦多 Toronto

West 8 联手 duToit Allsop Hillier 为多伦多的滨水区开发做了总体规划。海滨的重建将复兴前港口，把它打造成城市连接水域的一处连续的、公众可达的滨水区。波浪形桥是一系列木材结构中的第二处，这些木结构旨在增进多伦多中央滨水区简单衔接处的变化。波形栈道是一种加拿大独有的结构，在世界其他地方还没出现过。其设计灵感来源于安大略湖的海岸线，以及设计者在加拿大村舍的经历。波形栈道形成的城市码头是一处集艺术与功能汇聚的空间。

项目情况

地址：west of Simcoe Street on the south side of Queens Quay。**规划合作伙伴**：duToit Allsop Hillier。**客户**：Waterfront Toronto。**完成时间**：2020 年。**建筑面积**：640 平方米。**主要材料**：不锈钢、LED 照明、胶合层木、Ipe 木材。

↑ | 波形构造

↓ | 夜间照明设计

↑ | 木质长椅为人们在滨水区提供休息场所

3LHD

↑ | 人行步道上的城市公共设施

↗ | 遮阳柱

→ | 棕榈树，滨水区的绿色植物

斯普利特滨水区

Riva Split Waterfront

斯普利特 Split

作为历史和城市个性的典范，斯普利特及其滨水区位于地中海最令人关注的地方。它是一个城市化的、公共的、开放的可达空间，有1700年的历史。材料、尺寸和形式（混凝土元素的模块化网络）都指导和控制着排列布局与公共空间上所有其他元素的定位。滨水区是焦点，城市在那里与大海相连。它长250米，宽55米，也是重要的公共广场，为各种各样的社会活动提供空间，如日间散步、夜间游行、体育赛事、宗教游行、节日和庆祝活动。

项目情况

地址：克罗地亚斯普利特，Obala Hrvatskog narodnog preporoda，21000。**公共设施**：使用中。**客户**：Municipality of Split。**完成时间**：2007 年。**建筑面积**：14000 平方米。**主要材料**：混凝土、钢铁、纺织品、木材、石头、地中海绿色植物。

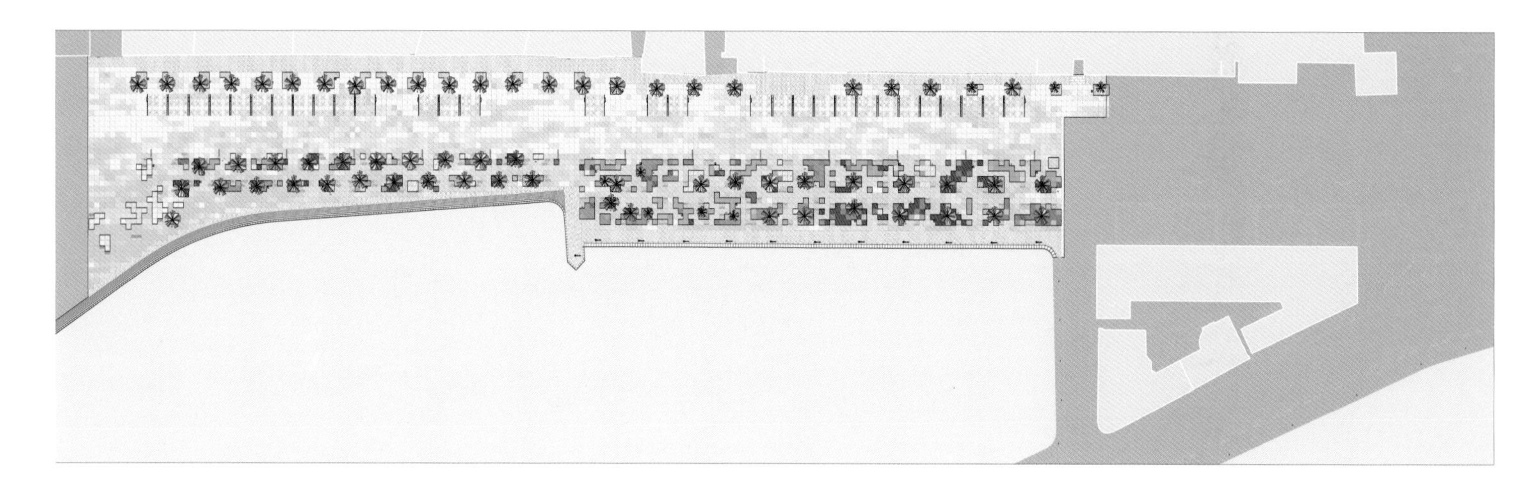

↑ | 场地平面

← | 以戴克里先宫殿（Diocletian's palace）为背景的广场

←｜滨水区的混凝土座椅细部

↓｜轴测投影图

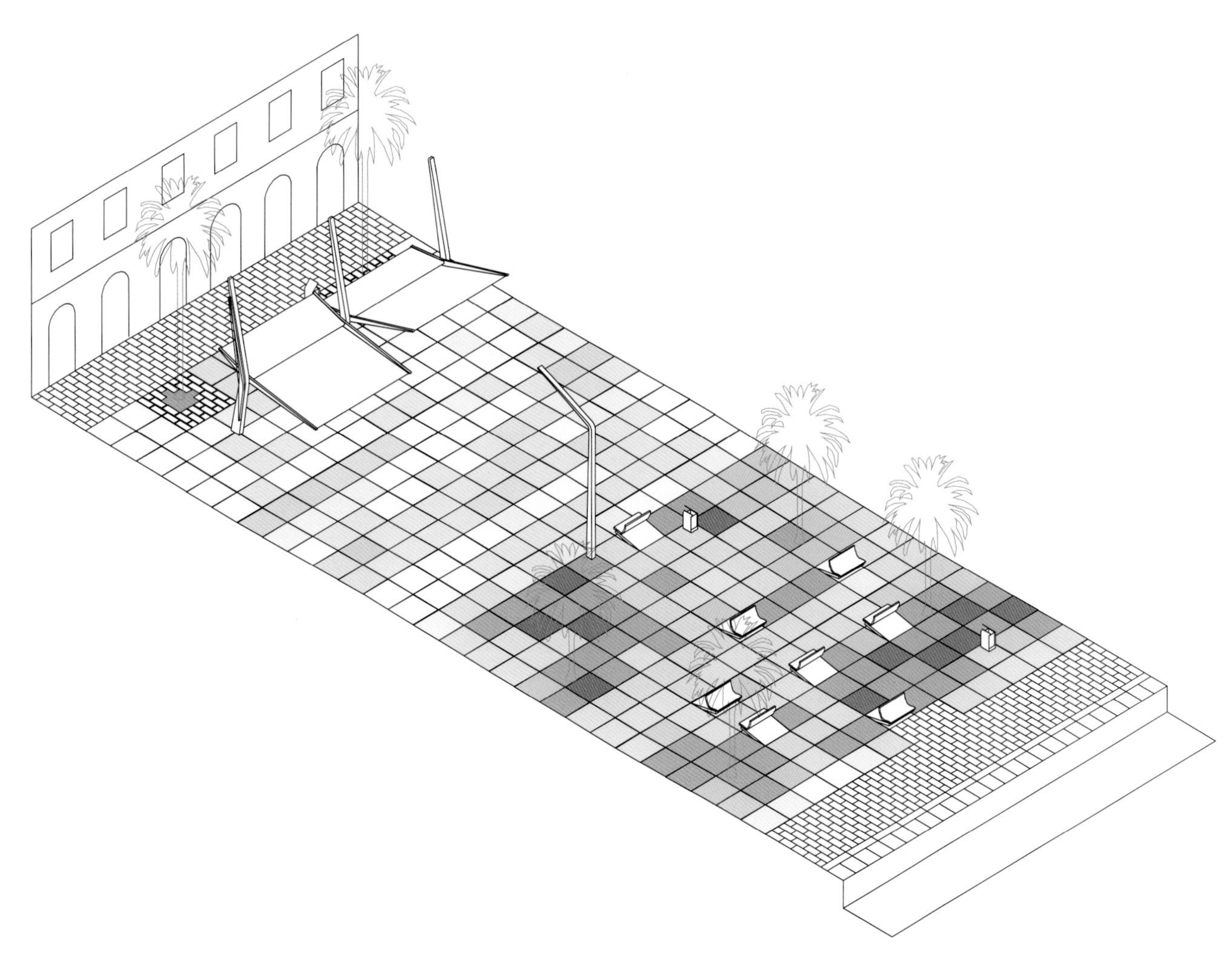

OAB – Carlos Ferrater & Partners

↑ | 不锈钢栏杆和绿色人行道

→ | 鸟瞰图，彩虹般的人行漫步道

贝尼多尔姆海滨

Benidorm Waterfront

阿利坎特 Alicante

在西班牙大量的休闲和旅游产业化城市中，贝尼多尔姆也许是最典型的一个。它的人口密度极高，集中在一块很小的土地上。在西部海滨长廊（人行漫步道）的设计竞赛中，设计师提议把它建成一个有利于开展多种不同活动的公共空间。漫步道有它自己的生命力，有机曲线暗示自然产生的波浪形状，生成了兼顾光与影的蜂窝状表面，一系列的凸凹面逐步构建一组平台和各个台层，它们为玩耍、约会、休闲或沉思提供空间。

项目情况

地址：西班牙阿利坎特的贝尼多尔姆西海滩。**客户**：Benidorm City Council – Government of Valencian Community。**完成时间**：2009 年。**建筑面积**：18000 平方米。**主要材料**：白色混凝土、陶瓷砖。

←丨主要景观效果，漫步道和座椅

←丨木质甲板

↓丨总平面图和剖面图

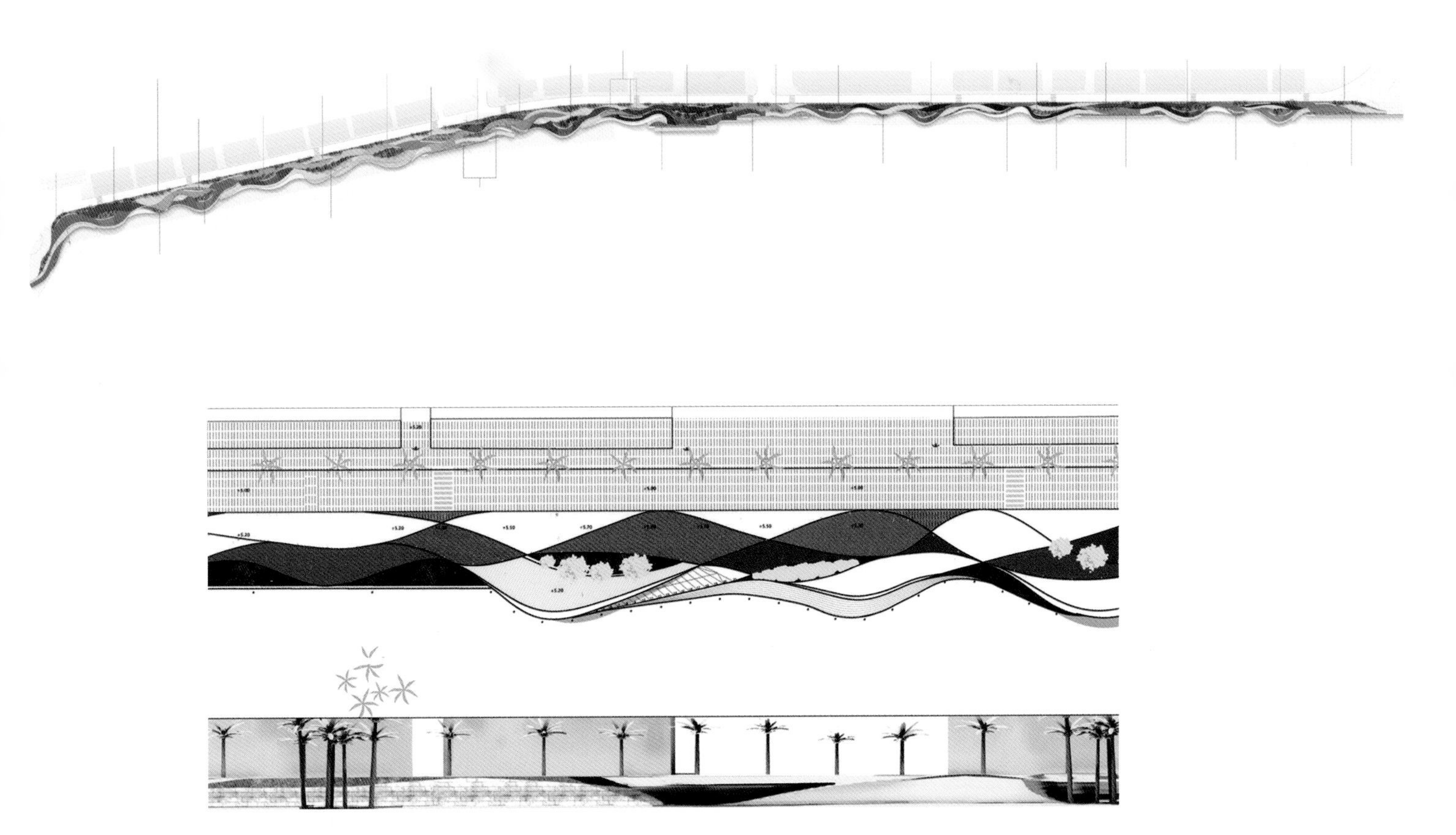

↑ | 儿童游乐场

→ | 鸟瞰图，黄昏时整个广场的照明景观

普奇塞达广场

普奇塞达 Puigcerdà

这个项目涉及重塑中央公共空间，它曾经处于荒废的状态，交通流量极大。现今已经禁止车辆通行，腾出一个大型中央空间。这块场地非常不规则，有着不均匀的边界，使用花岗岩作为唯一的铺路材料，编织出一幅富有表现力的“挂毯”。广场被设计成一个有利于休息和邂逅的空间，周围的建筑没有被遮挡，都能看见。传统的建筑群为广场提供了一个有趣的背景。

项目情况

地址：西班牙普奇塞达，Places de Santa Maria i dels Herois。**客户：**City Council of Puigcerdà（Girona）。
完成时间：2009 年。**建筑面积：**5400 平方米。**主要材料：**花岗岩石板、强化铸石、天然的博隆多木材。

↑ | 人行道和座椅细部

↙ | 总平面图

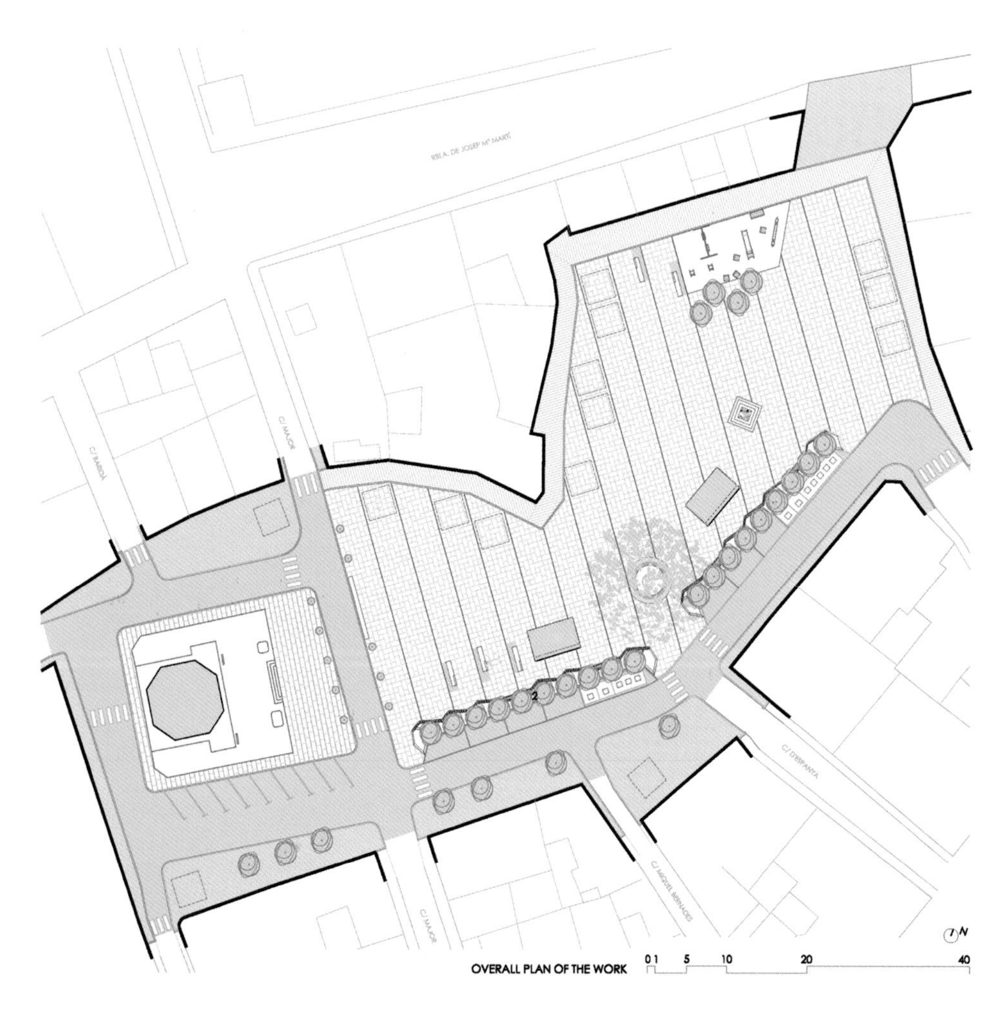

←丨提供休息空间的坐凳

↓丨场地平面：曲折人行道

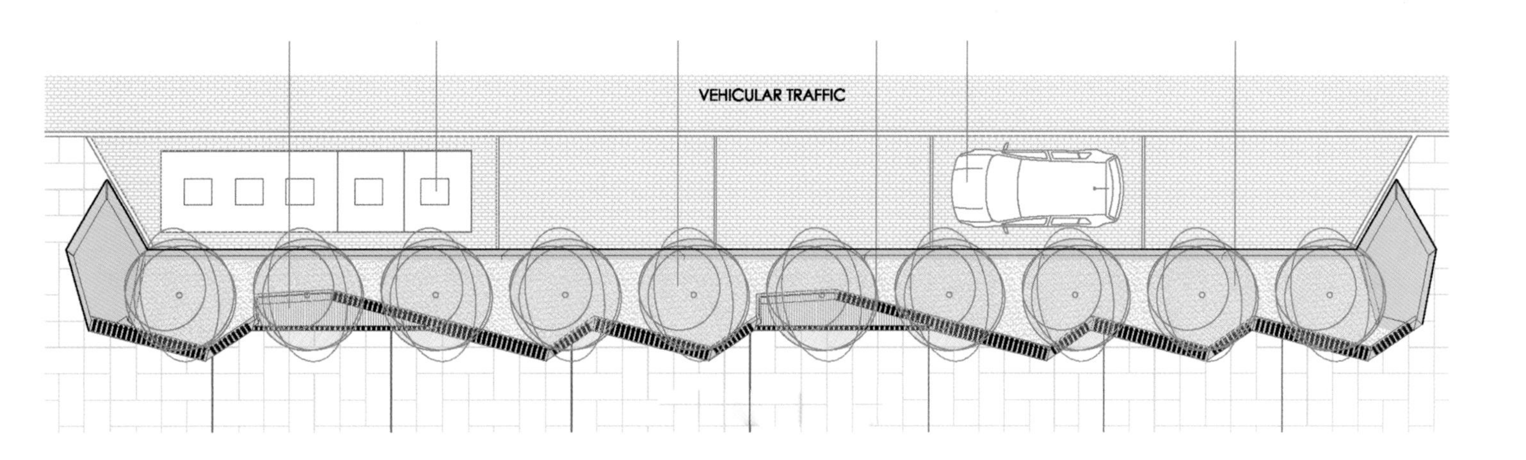

Lützow 7 C. Müller J. Wehberg

↑ | SoleArena 的内部景观效果

Spa 花园的舞台

SoleArena in Spa Gardens

拜德埃森 Bad Essen

Spa 花园因为 2010 年拜德埃森的国家园林展被重新设计，现今它以盐水舞台 SoleArena 和天空平台作为这个曲折花园的关键元素。场地有显著的斜坡地形，高处是一个独特的位置，它提供俯瞰拜德埃森和德国北部低地的视点。盐水舞台把盐和水的元素做了变形处理，为游客提供更多的感官体验。周边环境的特点是种植了喜盐植物、钢青色早熟禾、砂生植物和矮柳，为现代可持续的疾病预防做出更持久的贡献。

项目情况

地址：德国拜德埃森 Plantanenallee, 49152。**规划合作伙伴**：Arge Laga Bad Essen (Lützow 7, Junker+Kollegen) / Architekturbüro Rehage。**客户**：Landesgartenschau Bad Essen GmbH, Municipality of Bad Essen。**完成时间**：2010 年。**建筑面积**：540 平方米。**主要材料**：木、黑刺李。

↑ | 水景细部

↑ | 场地平面

↓ | 主要景观效果，春天的 SoleArena

↑ | 主要景观效果

博特罗普柏林广场

Berliner Platz

博特罗普 Bottrop

在柏林广场改造之前，它是一个大型的停车场、活动空间和市集广场（位于汽车站和主要邮局之间）。把停车场搬迁到地下，为重新设计空间提供了一个机会。广场现在是一个大而开放的灵活空间，有各种使用功能，还提供了有吸引力的座椅和休闲区。

项目情况

地址：德国博特罗普柏林广场。**客户**：Municipality of Bottrop。**完成时间**：2009 年。**建筑面积**：4500 平方米。**主要材料**：顶石、花岗岩、玄武岩。

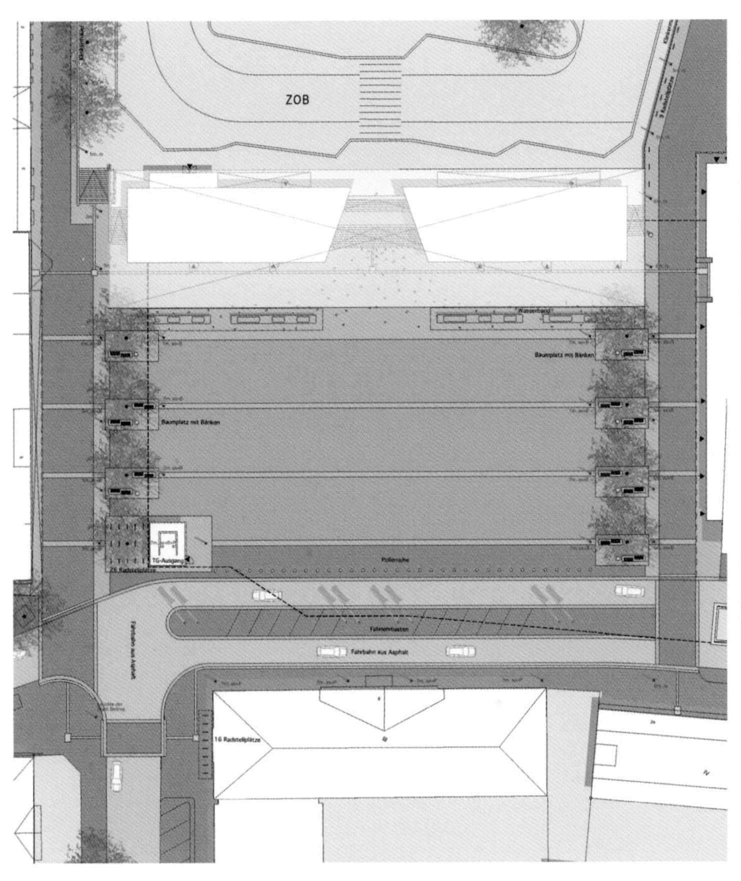

↑ | 场地平面

↓ | 喷泉

↑ | 鸟瞰图，铺装和长椅

↓ | 广场边缘的生活空间

hutterreimann + cejka
Landschaftsarchitekten

↑ | 文化剧院入口处的主景观效果

文化剧院前广场

Forecourt of Culture and Theater Hall

诺德霍恩 Nordhorn

诺德霍恩的文化剧院前广场是一个简单的草坪区域，有一些老树和铺装。它不是一个特别有吸引力的空间，不再能满足其使用。仅有建于20世纪60年代的、富有表现力的建筑外立面使空间有些特点。红褐色混凝土路面铺装的新图案与建筑立面相呼应，似乎在进行一场“对话”。长座椅突出了广场的简单设计，引导游客从停车场来到建筑入口。

项目情况

地址：德国诺德霍恩 Ootmarsumer Weg 14，48527。**客户**：Municipality of Nordhorn, Hochbauamt。
完成时间：2007 年。**建筑面积**：1600 平方米。**主要材料**：混凝土。

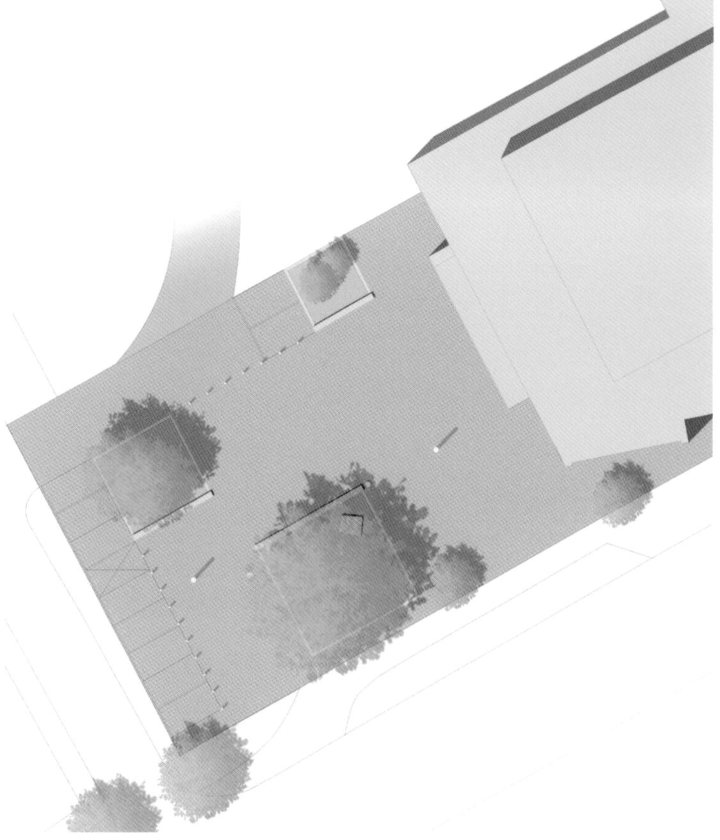

↑ | 座椅细部
↓ | 主入口

↑ | 场地平面

Robin Winogrond
Landschaftsarchitekten

↑ | 层层石头的垒砌形成了地形
↓ | 示意图，广场的概况

穆思特广场

Münsterplatz

魏因加滕 Weingarten

陡斜的穆思特广场用于举办各种历史和当代活动，它一直延伸到令人印象深刻的巴洛克风格的巴西利卡式（basilica）大教堂，即教堂位于其后。在重新设计之前，该地区满是汽车、楼梯和各种公共设施。空间内的清除以及一个平台的嵌入，让广场的两边充满独特的个性和功能性。古老的外立面、栗树和平台一起形成了一个可互换角色的开放广场。广场可以作为舞台，同时平台作为看台，反之亦然。

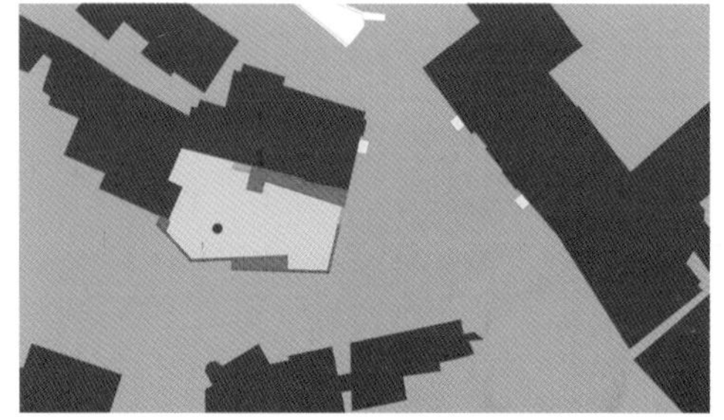

项目情况

地址：德国魏因加滕穆思特广场。**客户**：Municipality of Weingarten。**完成时间**：2008 年。**建筑面积**：4500 平方米。**主要材料**：砂岩、玄武岩、樱桃树。

↑ | 以巴西利卡式教堂为背景的主要景观效果

↓ | 墙体帮助诠释了地形

↓ | 示意图，舞台和看台可以互换

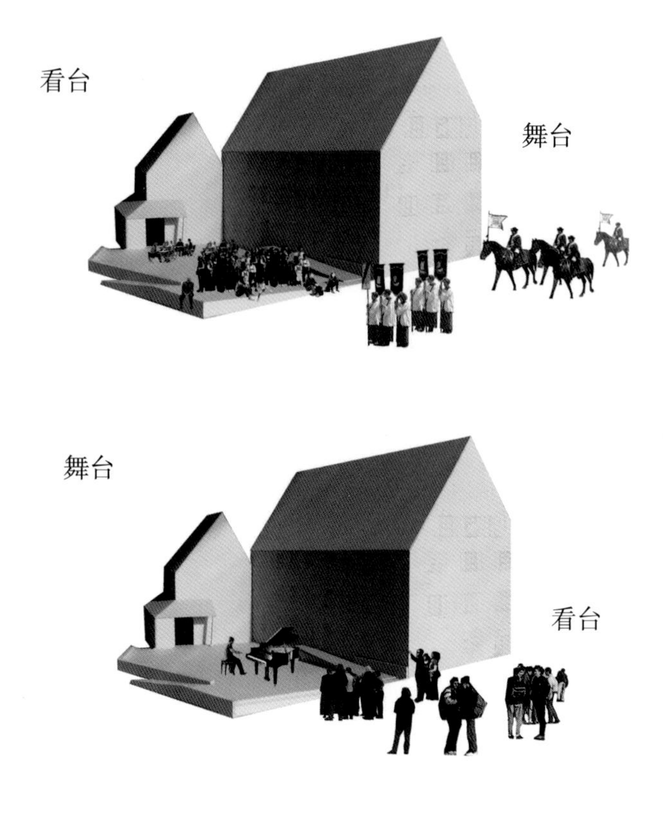

wbp Landschaftsarchitekten

↑ | 整个教堂和广场的主要景观效果

圣乌尔班教堂广场

St. Urbanus Kirchplatz

盖尔森基兴 - 布尔 Gelsenkirchen-Buer

一块狭窄的地带界定出与教堂紧密相邻的周边环境，创建了一个新的前广场。由原有的教堂庭院向下，形成三步台阶，展现了场地高度的分化。长凳被仔细地布置在树下，创造了一个静心的休闲空间。与此相反，教堂庭院的边缘之外是一个生机勃勃的地方，有喷泉、商店和咖啡馆。

项目情况

地址：德国盖尔森基兴－布尔市圣乌尔班教堂广场1号，45894。**客户**：Municipality of Gelsenkirchen。**完成时间**：2010年。**建筑面积**：6100平方米。**主要材料**：水泥地砖、天然石材、光滑露石混凝土的加工部件。

↑ | 场地平面

↓ | 台阶的夜间照明效果

↑ | 水景的夜间照明效果

Ryo Yamada

↑ | 日落时的景观

↓ | 剖面图

持续的风景

Irresolution Landscape

神户 Kobe

这个环境空间由 15 口“井”组成，它们映照着天空，沿着 700 米长的码头星罗棋布。每口“井”是一个约 90cm × 90cm 的正方形，这正好相当于日本“榻榻米的标准”。项目试图做这样的尝试：切割“榻榻米尺度”空间的天空艺术品，把它在地面上表现出来。5 口不同高度的“井”（从 120cm 到 360cm）划出了空间艺术品的区域，“井”内映射着天空，它的高度即为天空的“深度”。被映射的天空不都是一样的，它在持续发生改变，这代表了不断变化的时间的本质。作品表达了人类周围城市景观的多样性和连续性。

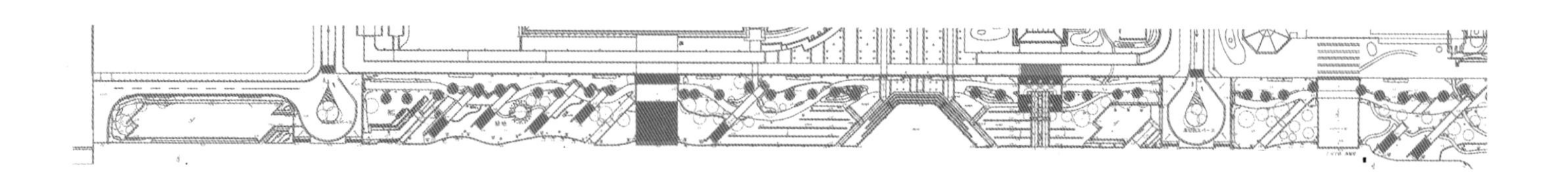

项目情况

地址：日本神户波特岛 Shiosai 公园。**规划合伙人**：Ayako Yamada。**客户**：Municipiality of Kobe。**完成时间**：2011 年。**建筑面积**：15 平方米。**主要材料**：木板、织物、钢管、镜子。

↑ | 反射天空的镜子

↓ | 钢杆的细节

↑ | 公共码头——更新的都市空间

Biuro Projektów
Lewicki Łatak

↑ | 小修道院和军工厂的入口台阶
↓ | 剖面图

恰尔托雷斯基王子广场改造

Remodelling of Princes Czartoryski Square

克拉科夫 Krakow

这个新广场完全是用石头建造的，可以看到沿着防御工事行进的老墙街道的遗迹。一种带有细微颗粒的紫色渐变的花岗岩使得该地区看上去更有活力，丰富的形式和材料吸引了游客的注意力。在小修道院和军工厂的入口台阶使用了大型石板材。凳子是由断开的自然石块和抛光的水银基座组成，给石材的质地增加了一些变化。

项目情况

地址：波兰克拉科夫，pl. Książąt Czartoryskich。**客户**：Municipiality of Krakow。**完成时间**：2006 年。**建筑面积**：2230 平方米。**主要材料**：斑岩、花岗岩石石材。

↑ | 防御工事墙，圣弗洛莱恩（St Florian）大门

↓ | 凳子细部

↑ | 台阶和照片灯细部

JILA studio

↑ | 广场，石凳和彩色路面铺装

巴尔福街道公园

Balfour Street Park

悉尼 Sydney

巴尔福街道项目被悉尼市中心附近的一个大型重建地块所包围，框构出一个极小的街道。在这里，砖、粗面岩和磨砂玻璃被丰富多彩地交织在一起，回应着场地周边老啤酒厂建筑、工人露台和厂房的温暖而坚实的材质。一个精心制作的砖块低洼地收集来自相邻街道的雨水。它缓慢从人行道水平面下降成 U 型场地，沿着长边形成了一处迷你的湿地。在低洼地内，砖块表面排布被设计成流水时引起的涟漪。

项目情况

地址：澳大利亚悉尼巴尔福街道。**照明设计**：Lighting, Art + Science。**结构工程师**：Taylor Thompson Whitting。**客户**：Municipality of Sydney。**完成时间**：2010 年。**建筑面积**：630 平方米。**主要材料**：砖、玻璃、粗面岩、砂岩、混凝土、青石。

↑ | 发光雕塑能在夜晚创造出神奇的光效果

↑ | 砖块雕塑的细节

↓ | 场地平面

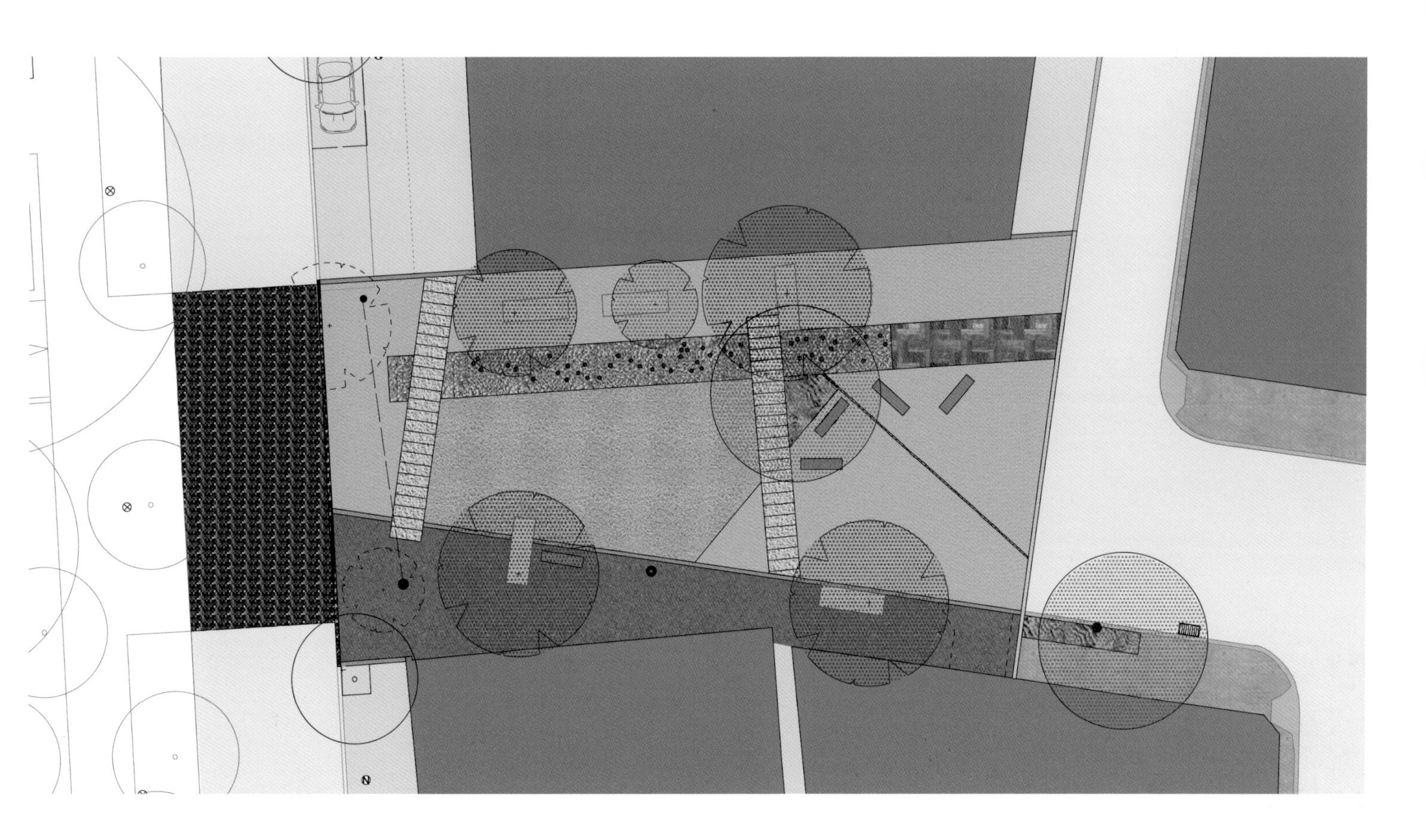

3Gatti

↑ | 木地板上的景观座椅区

↓ | 细部：走廊、木地板、公园结构

创智公园

Kic Park

上海

创智公园在创智天地的入口处，利用仅剩的城市区域做了这个公园。这个区域被重新设计成一个提供给附近复旦大学和同济大学学生使用的空间。设计中的一个主要元素是促进来访者和天气、声音等自然现象的交流与互动。从这个意义上来说，建筑师使用的造型手法和材料（由轻盈的金属线网构造的人造吊顶、弧线形式、以面围合的体量、斑驳的饰材和板饰）需要定制，以适应这个项目和其尺度变化。

项目情况

地址： 中国上海政民路创智天地 8-2，邮编 200433。**客户：** 瑞安开发有限公司。**完成时间：** 2009 年。**建筑面积：** 1100 平方米。**主要材料：** 木甲板、钢结构、砖墙、丙烯酸板。

↑ | 融入广场结构中的木质长椅

↑ | 鸟瞰图：公园夜晚的照明景观

↓ | 场地平面

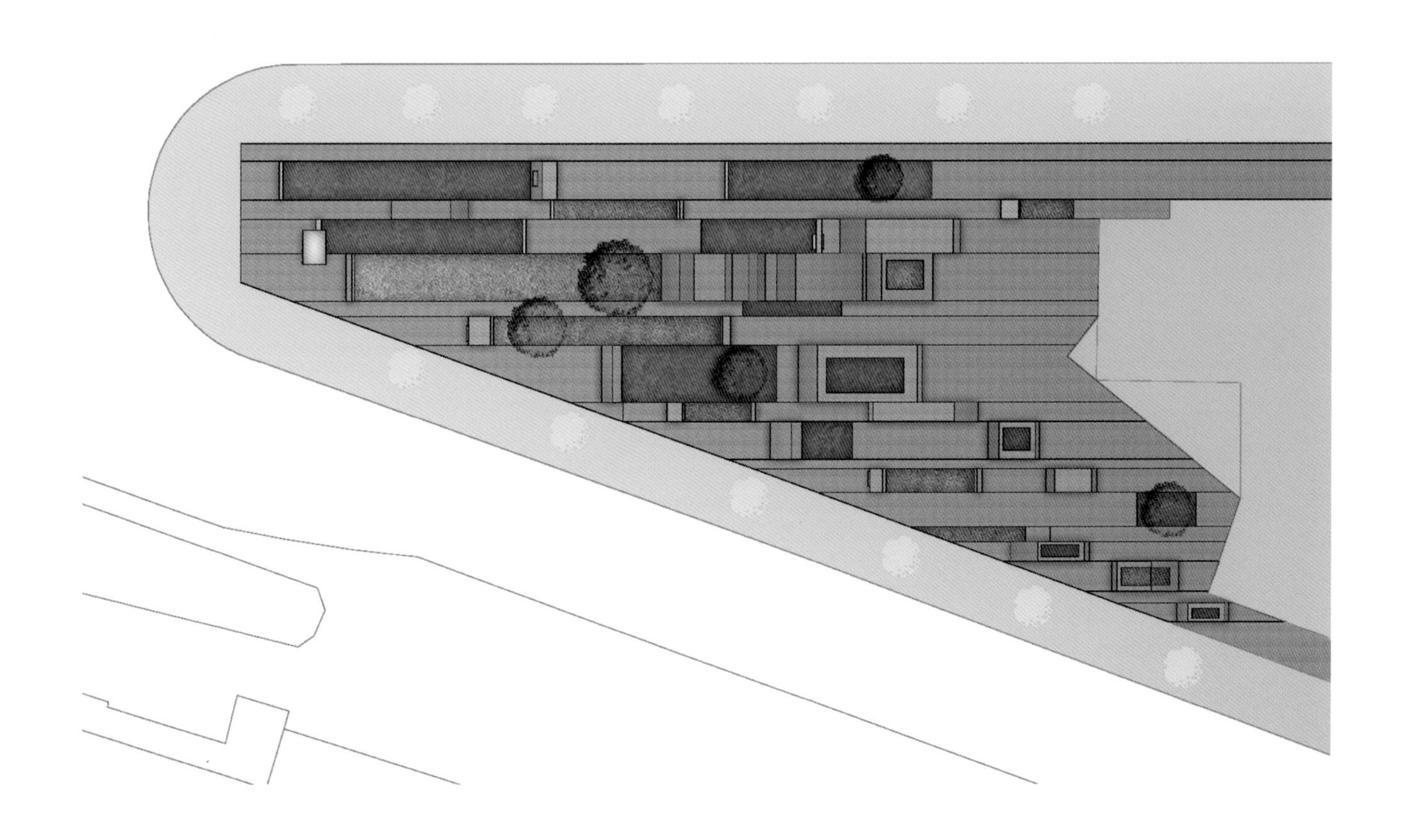

Aspect Studios

↑ | 鸟瞰图：游乐场与戏水区域

→ | 混凝土的戏水景观元素

达林购物中心

Darling Quarter

悉尼 Sydney

达林购物中心已经变成达林港的公共活动空间，这里已经成为澳大利亚最有吸引力的游览地之一。项目包含了一个新的公园、零售店、商业大厦、一个儿童剧场和一个新颖的儿童游乐场。游乐场是最大的、最独特的，它互动式的戏水设施已经成为这个地区的一大吸引力。一系列目标明确的举措已经实施了，这些开放的场地营造措施包括一个扩大的公园、乒乓球桌、可移动的公共座椅和地垫，以及照明总体规划，丰富了夜间的体验。

项目情况

地址：澳大利亚悉尼达林港（情人港）。**规划合伙人**：FJMT。**客户**：Lend Lease and Sydney Harbour Foreshore Authority。**完成时间**：2011 年。**建筑面积**：15000 平方米。**主要材料**：预制混凝土、木材、露骨混凝土、砂石、不锈钢、青石路面、黏土路面、穿孔金属板。

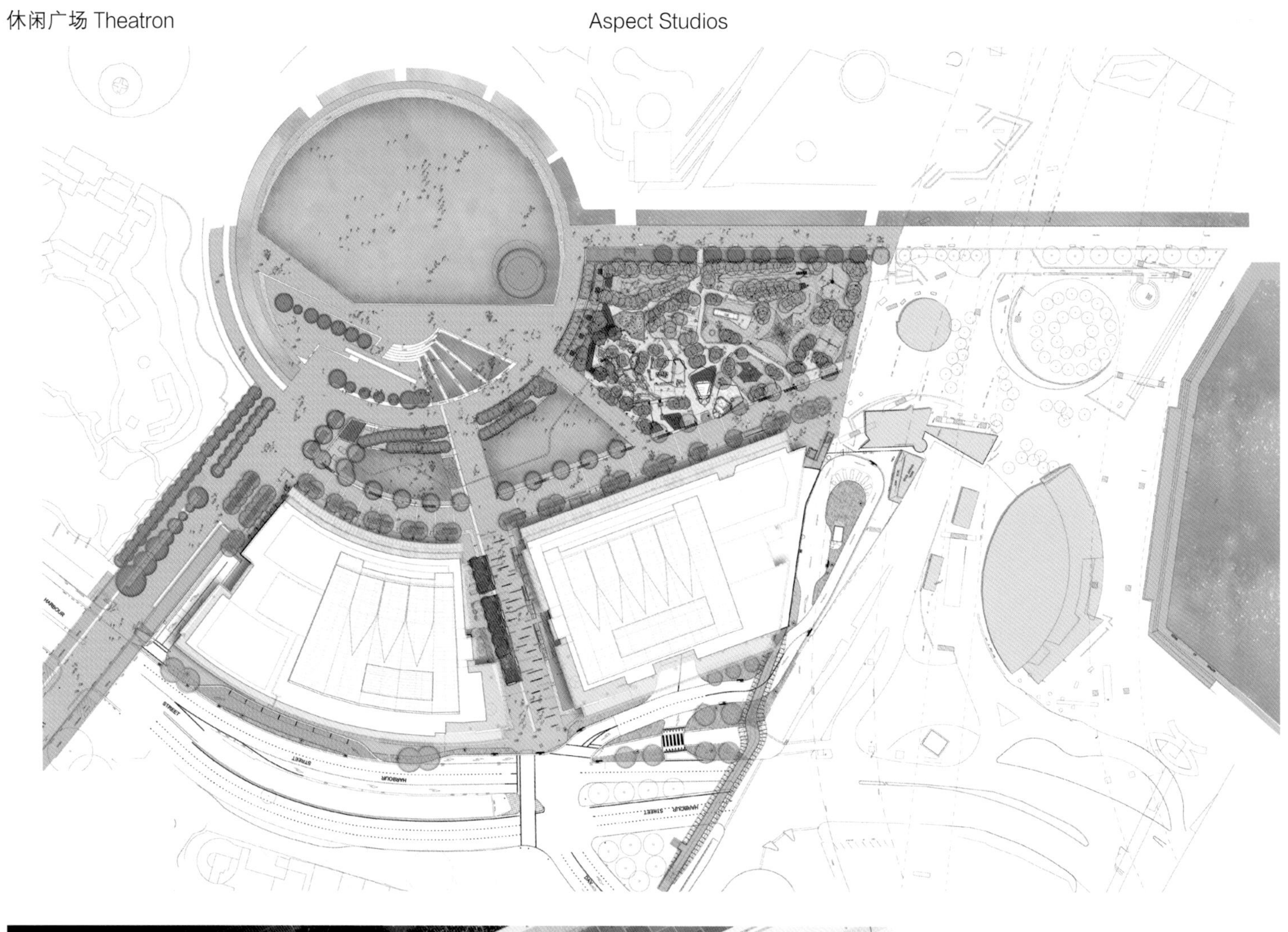

↑ | 场地平面

← | 人行道细部（内嵌标识时间线的显著铺装）

←丨绿色社区：户外定制的乒乓球桌

↓丨鸟瞰图：达林港内的场地地块

Maxwan
architects + urbanists

↑ | 鸟瞰图：屋顶景观与公共空间
↓ | 细部：瓷砖、地面铺装、天然石材

菲斯城市空间再造

Fez Remix
菲斯 Fez

在这个实例中，场地保护更多的是针对保护的程序，较少涉及建筑物本身。其空间设计使游人能直接看到匠人与妇女的工作状态、制作商品的过程以及公共空间表面材料的应用。通过用水管理，匠人们不需要移动位置就能继续现场展示他们的工作，从而向游客更大程度地揭示和解释工作的过程，促进两方文化之间的对话。正式的设计概念是使公共空间建造如一系列大型庭院般，如此一来传统的城市空间贯穿整个场地。

项目情况

地址：摩洛哥菲斯古城。**客户**：Agence du Partenariet pour le Progres。**完成时间**：正在进行。**建筑面积**：75000 平方米。**主要材料**：天然石材、木材、瓷砖。

↑ | 追寻历史足迹的新建筑

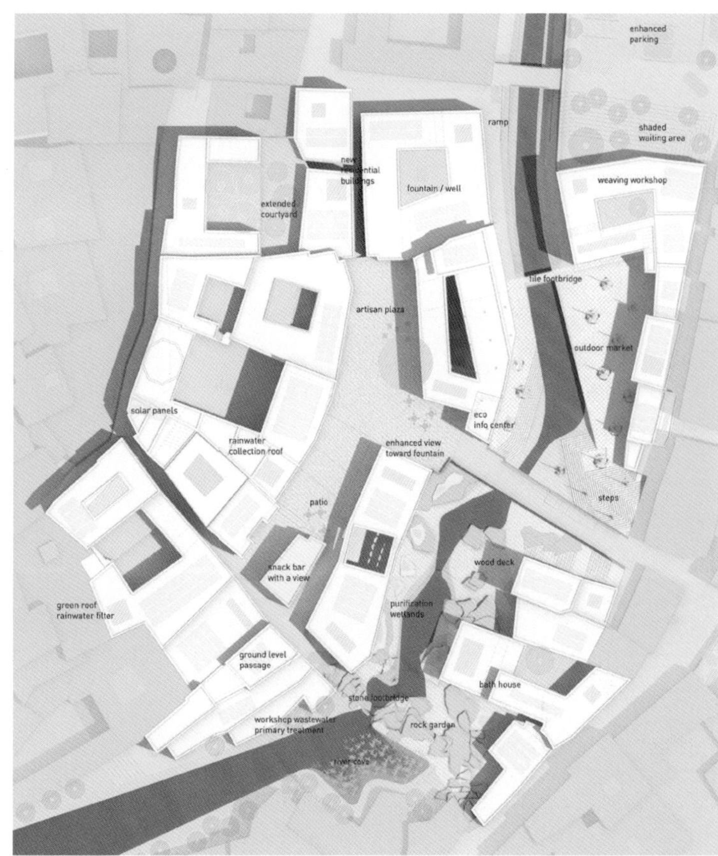

↑ | 场地平面

↓ | 露天市场：从酒店眺望广场与河流

Østengen og Bergo

↑ | 槭树种植盆

勒伦斯科格广场

Lørenskog Square

勒伦斯科格 Lørenskog

这个中心广场被设计成一处舒适、愉快的当地居民的聚会场所。广场坐落于勒伦斯科格新文化中心的外部，设置了座椅、喷泉和植被。夜晚广场上灯火通明，这使得它成为一处受欢迎的现代空间。广场和建筑被设计成全方位可达，通用的设计原则包含在整个空间设计中，即明晰的规则式设计元素。易达路线整合协调在圆形拱门状的表面铺装纹理中，台阶和水元素的细节处理强调展开在空间中的曲线，并仔细搭配了材料和颜色以适应场地。

项目情况

地址：挪威勒伦斯科格市，Festplassen 1，1473。**客户**：L2 Arkitekter, Steen & Strøm。**完成时间**：2011 年。**建筑面积**：1800 平方米。**主要材料**：花岗岩、水、木。

↑ | 细部：整合了座椅的台阶

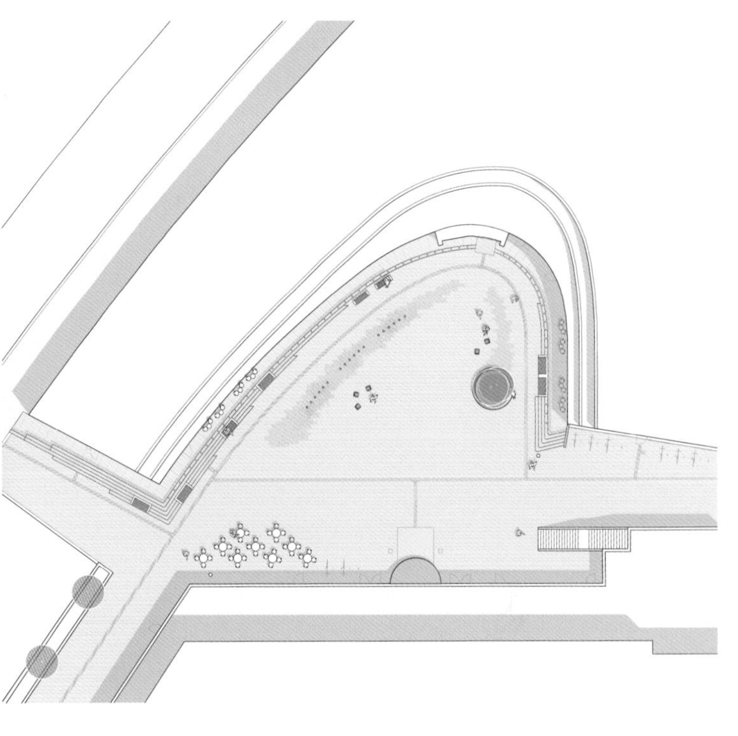

↑ | 场地平面

↓ | 夜晚广场的喷泉

↑ | 明亮的广场

→ | 主要景观效果：历史古迹的名字和图案被雕刻在轴线上

福冈银行新总部大楼

Fukuoka Bank New Headquarter Building

福冈 Fukuoka

在很长一段时间里，这块场地都是通向福冈城的入口，它的周边接近城市最大的公园，能享受其提供的绿色健康。同时它也连接着市中心和新的城区。在历史和环境的平衡中，场地位置最突出的特征之一是它如何维护与周围环境的关系，以及它如何守护这座城市。建筑师把景观设计融入建筑中，唤起福冈城和福冈银行的记忆，对城市的发展贡献良多。

项目情况

地址：日本福冈 1-8-3 Otemon Chuo-ku, 810-8693。**规划合作伙伴**：MHS Planner,Architects & Engineers, Toda Corporation。**客户**：福冈银行。**完成时间**：2008 年。**建筑面积**：4110 平方米。**主要材料**：黑色花岗岩。

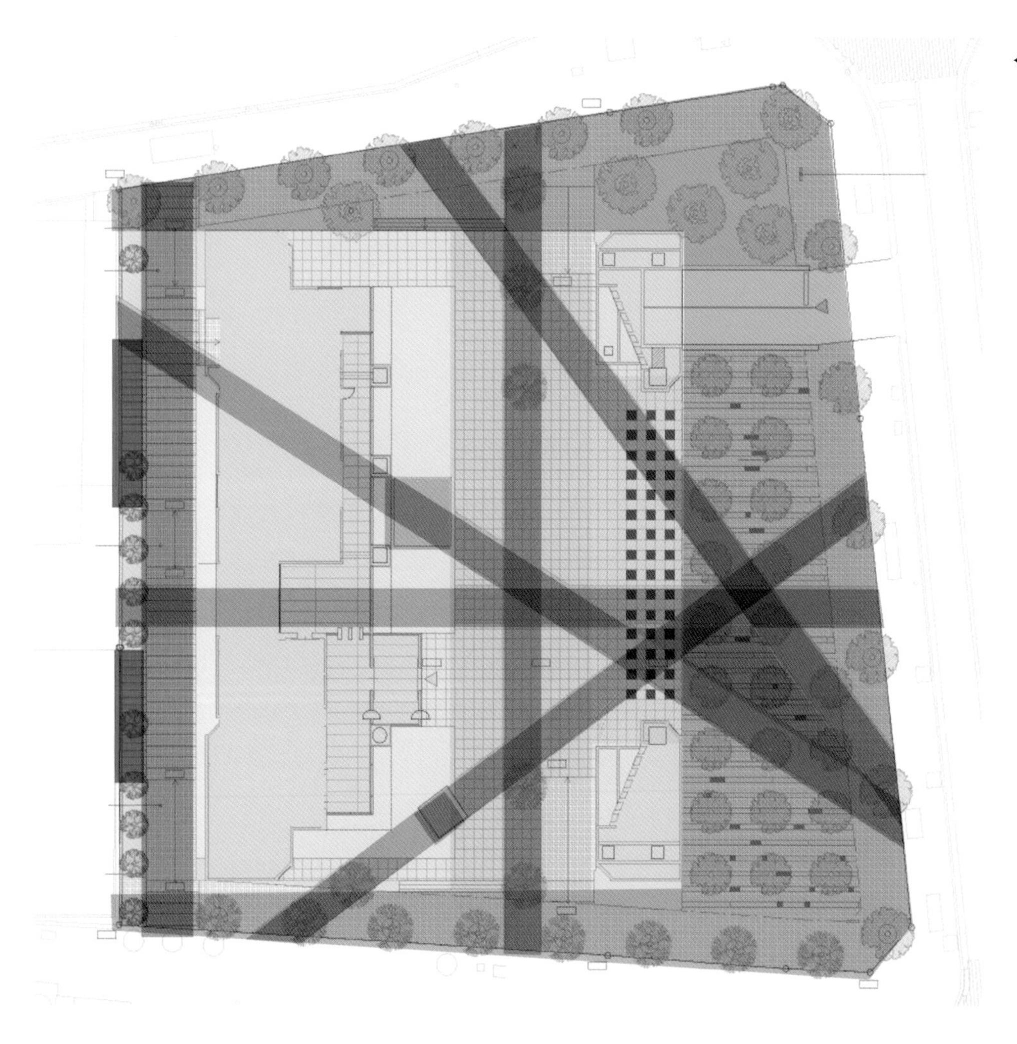

↑ | 石凳的夜间照明

← | 广场和景观区域的场地平面

←丨石凳的内嵌灯带

↓丨细部：长凳上的博多织（hakataori）图案

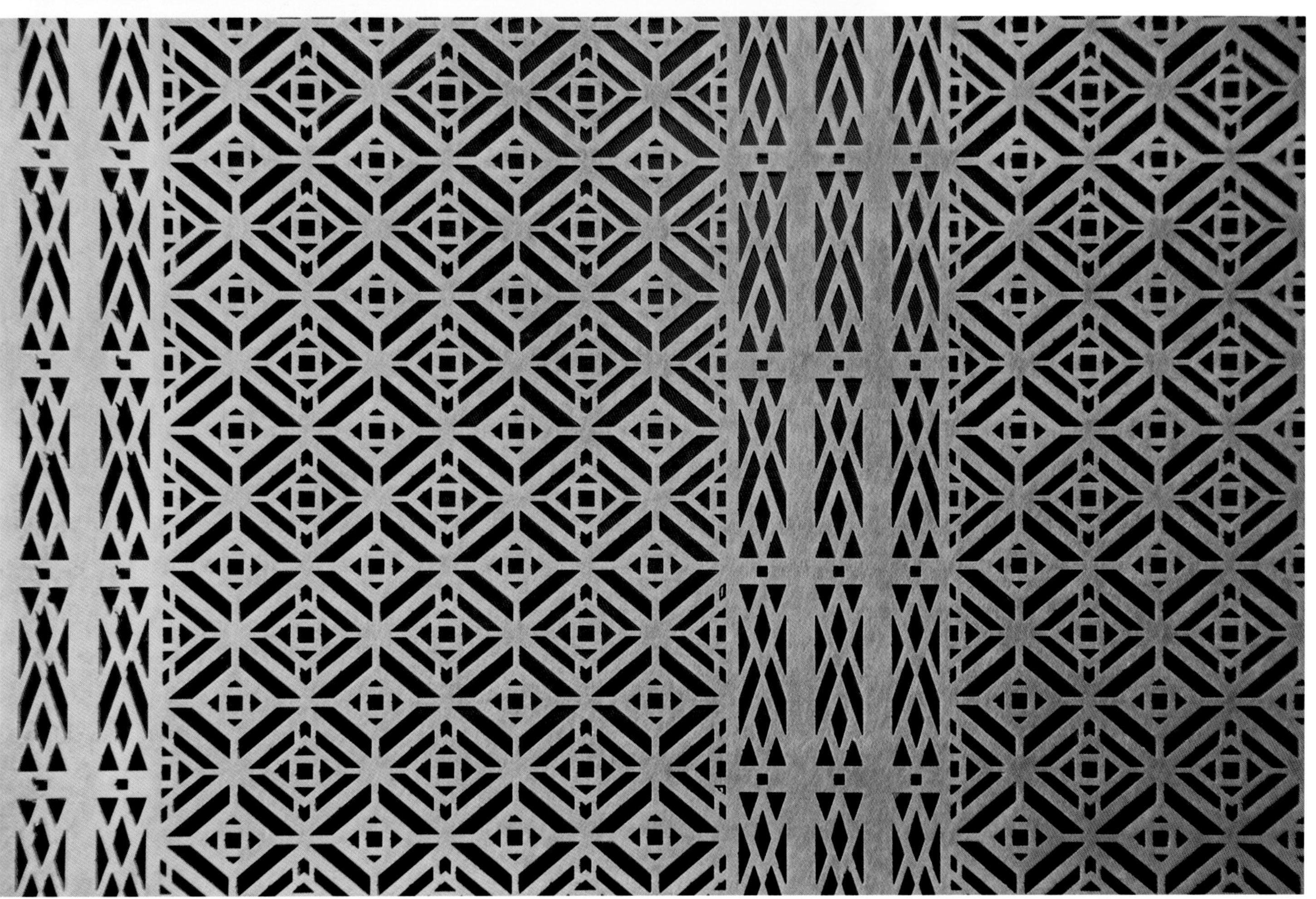

Miralles Tagliabue EMBT

↑ | 广场局部之“轰炸效果”

→ | 广场的水边景观

海港新城的公共空间

Hafencity Public Spaces

汉堡 Hamburg

旧港区位于历史上的仓库区南面，临近内城中心区，这里发生着巨大的变革，海港城西部地区的开放空间就是这个变革区的主要组成部分。这个地区历史上变化不断，但一直保持港口和工业用途。交替起落的潮汐特征塑造出其典型的港口外观。为适应内城中心区的居住、工作、商务、文化和休闲功能，这里使用了混合用途的全新建筑表面，在发展过程中它将升高约 3 米以抵御风暴潮的侵袭。

项目情况

地址：德国汉堡，Osakaallee 11, 20457。**客户**：Hafencity GmbH。**完成时间**：2014 年。**建筑面积**：1500000 平方米。**主要材料**：混凝土、砖、花岗岩、木材。

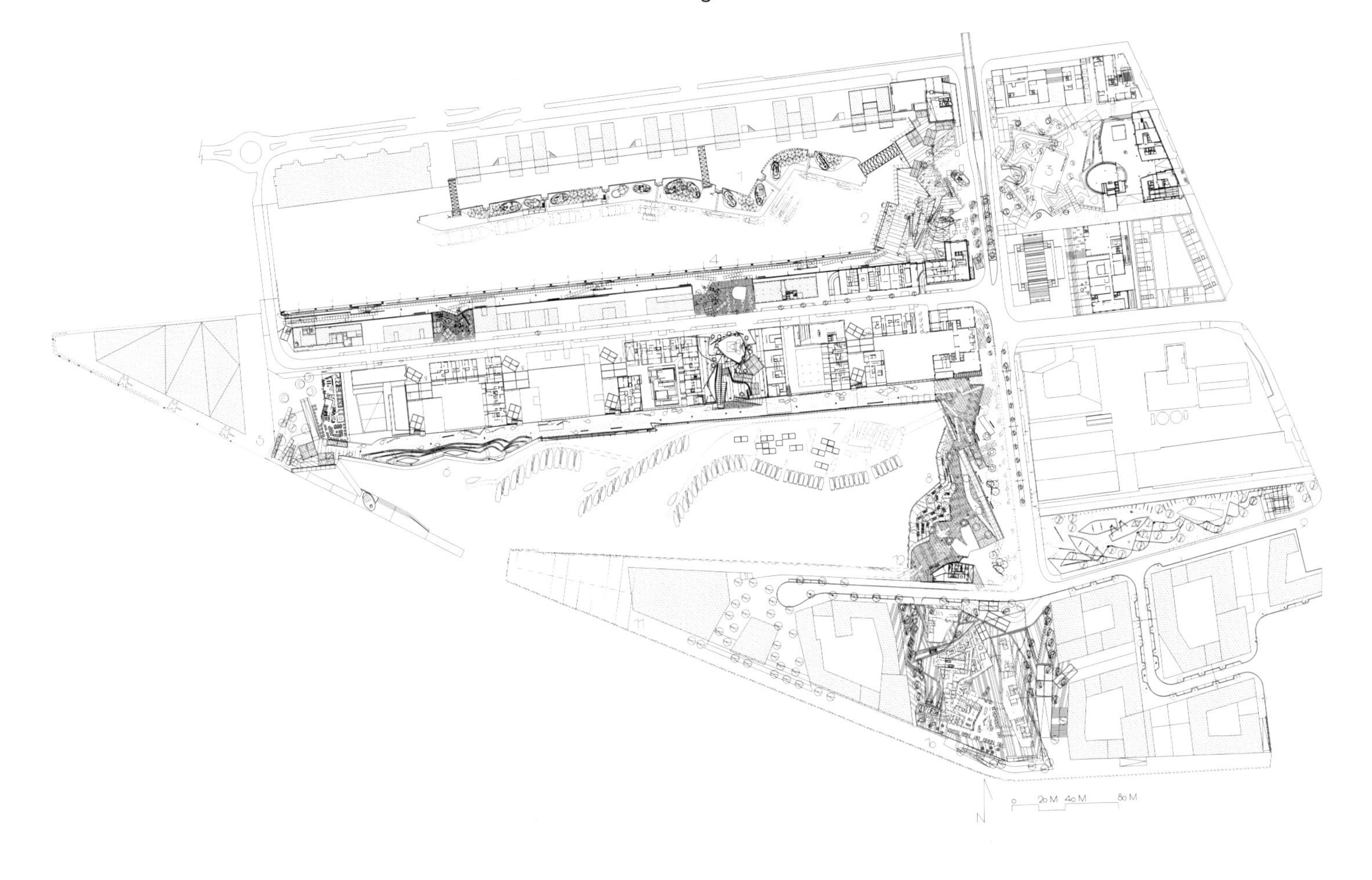

↑ | 主要规划平面图

← | 街灯，马可波罗台地上的抽象设计

←┃马可波罗台地的座椅与公共区域

↓┃规划设计图：街灯、楼梯剖面与横截面、场地平面

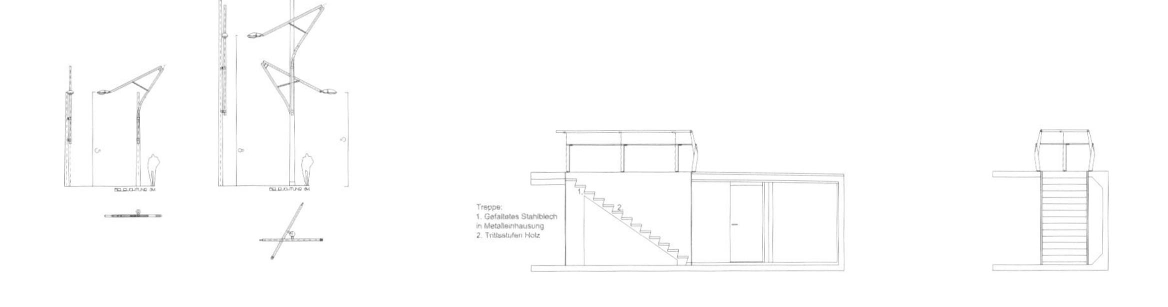

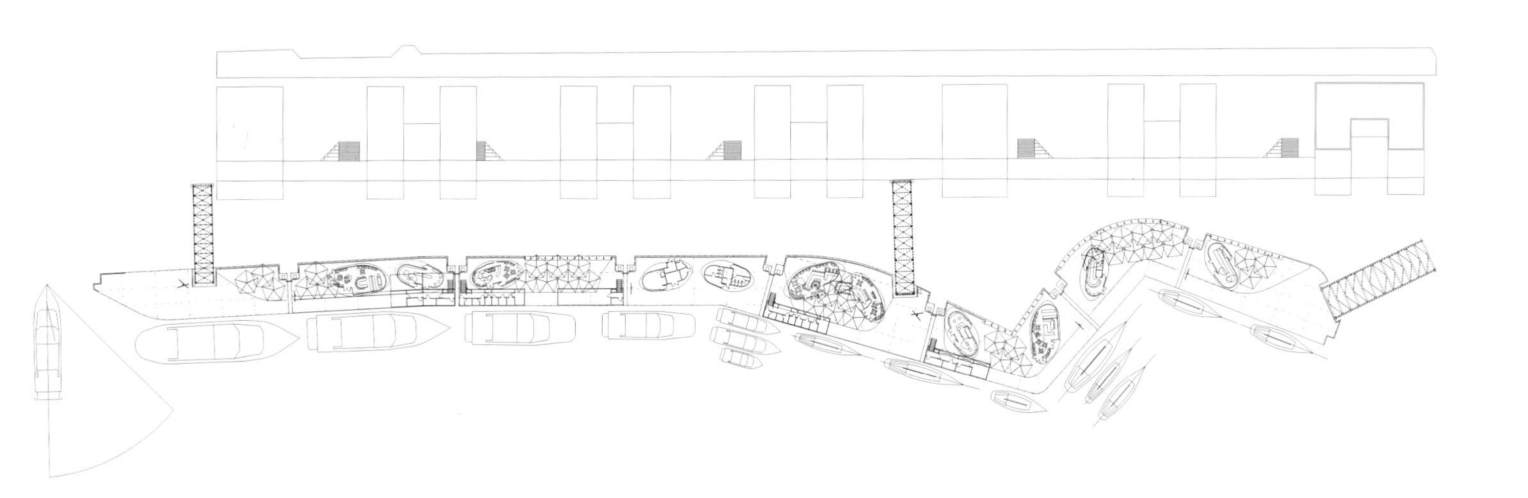

Derman Verbakel Architecture

↑ | 有可移动元素的序列框架

↘ | 场地平面

海滨步道

On the Way to the Sea

巴特亚姆 Bat-Yam

海滨步道位于城市与大海之间的区域，它被转化为一处拥有自身特点的场地，而不仅仅作为中间的通道。设计的目的是给人以往返海边的享受，而不只是从 A 点到 B 点。一系列的框架装置被小心地安排在城市边缘和海边之间，可以开展公共活动，为这片中间过渡空间创建了一个新用途。通过操纵整合进框架的不同元素，这些装置能促使当地居民和路人融入其中，创造意想不到的相互交流的机会。面对城市和海洋之间的差距，该项目鼓励集体和个人从城市生活到海滩活动的互动交流。

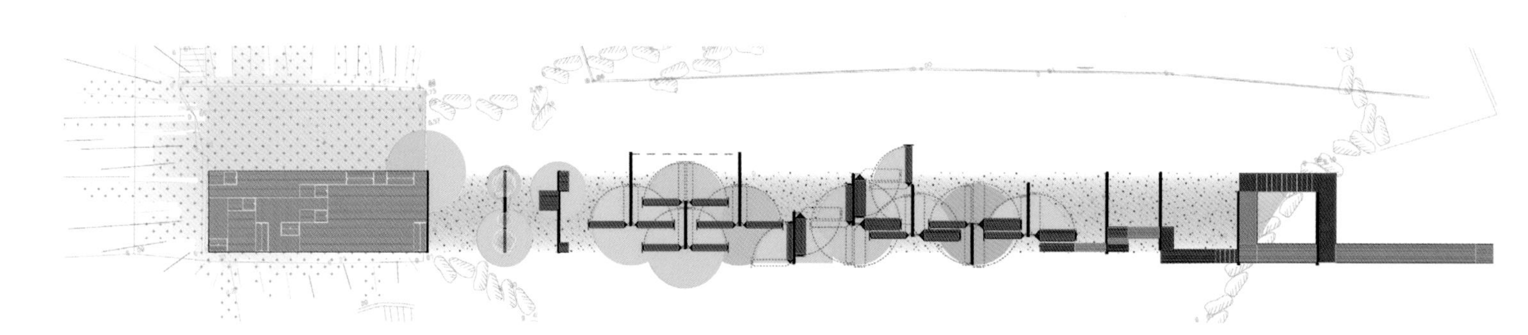

项目情况

地址：以色列巴特亚姆 Ben Gurion Road。**客户**：Municipality of Bat-Yam。**完成时间**：2010 年。**建筑面积**：500 平方米。**主要材料**：钢结构、混凝土表面、长凳、桌子、木材 - 塑料复合物、自行车轮子。

↑ | 长凳细部

↑ | 甲板，有可灵活操作的座椅

↓ | 轴测图

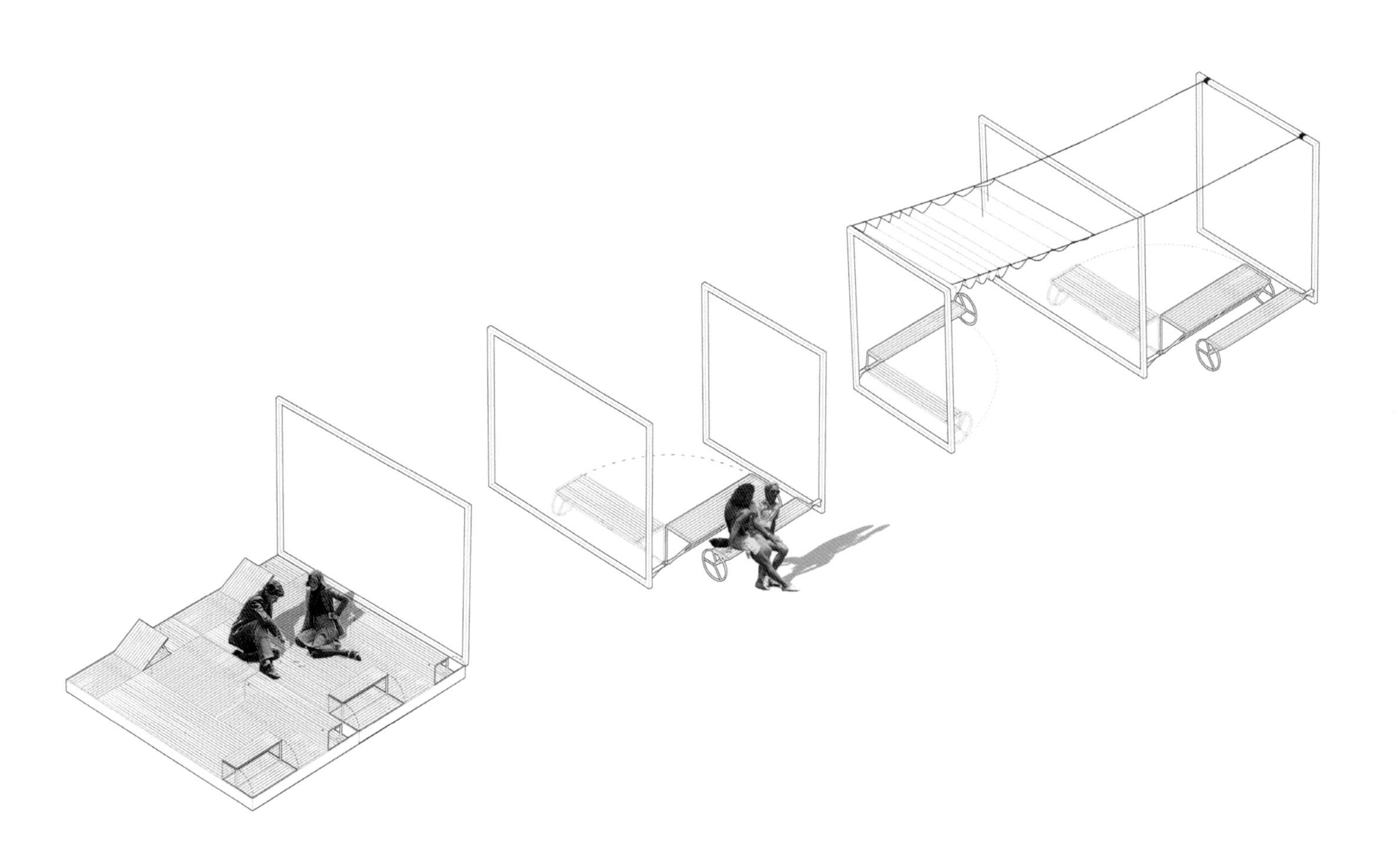

Adam Kalinowski

↑ | 彩虹公园及其周边的主要景观效果

↓ | 色彩方案

彩虹公园

Rainbow Park

伦敦 London

彩虹公园由 150 种色彩基调的普通沙子组成，它创建了一个独特的互动元素。游人在公园散步时最好光着脚，尤其是在沙滩的边缘可以混合颜色，以这样一种方式新的颜色出现了：如在红色和蓝色的边缘，紫色形成了；黄沙混合了红色产生橙色。随着时间的推移，场地混合使沙子失去原有的亮度，但是另一方面新的颜色组合出现。丰富多彩的雕塑般装置也可以被当作长椅，在创造出的环境中提供了享受和放松的空间

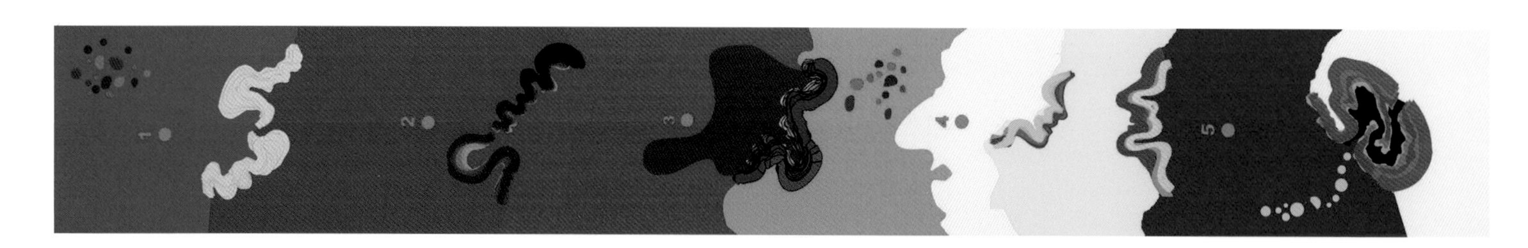

项目情况

地址：英国伦敦 Belvedere Road，The Queen's Walk，SE1 8XX。**客户**：Southbank Centre London，United Kingdom。**完成时间**：2012 年。**建筑面积**：350 平方米。**主要材料**：画胶合板、彩色沙子。

↑ | 木质玩耍台细部

↑ | 公共空间

↓ | 彩虹公园中玩耍的孩子们

Rush \ Wright Associates

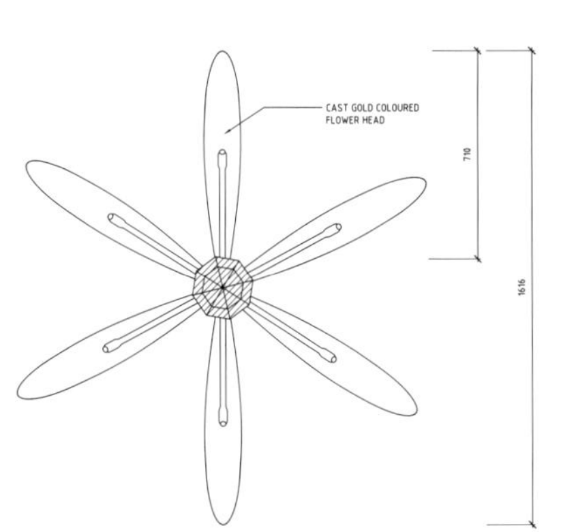

大金山广场

Dai Gum San

本迪戈 Bendigo

↖↖ | 花型遮篷
↑↑ | 广场概观
↖ | 花型遮篷细部平面图
↑ | 夜晚的“莲花”

新整合的“中国区”急需针对区域城市的市民活动空间。设计反映出与邻近的中国博物馆和周边广泛城市风景的衔接性。大型露天广场可以举办重要的中国文化活动、音乐会、开放市场和社区长跑活动。通过台阶，空间被分成两层，种植的平台提供座位和入口。较低的广场形成一个露天剧场，铺设中国花岗岩，河流三角洲的铺地图案追溯着中国矿工的故乡以及本迪戈历史上曾有的中文名字——大金山。

项目情况

地址：澳大利亚本迪戈城，Bridge Street 1。**照明设计：**Electrolight。**客户：**State of Greater Bendigo。**完成时间：**2010 年。**建筑面积：**3000 平方米。**主要材料：**花岗岩、板岩、混凝土、竹子。

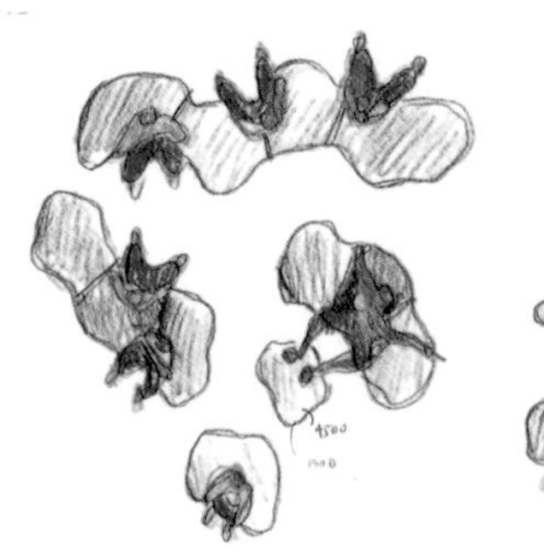

↑ ↑ | 主要景观效果

↑ | 夜晚中的长椅，光影效果

↗ | 石椅的俯视草图

相遇——都市的邂逅场所

Encuentros – Place of Urban Encounters

布宜诺斯艾利斯 Buenos Aires

灵感来自内格拉海滩（Playa Negra，火地岛上的南大西洋海滩）的岩石，这个项目是在向世界的尽头致敬，它象征着一座桥，把遥远的地方连接在一起。“相遇”（Encuentros）是一个雕塑，由有色的阿根廷花岗岩或混凝土制作而成。它在庆祝与大自然的一次邂逅，唤起在凉爽夏日中的一天或一个洒满月光的夜晚中进行的漫步。“相遇”提供了一个社会互动的场所。

项目情况

地址：阿根廷布宜诺斯艾利斯市，Casa FOA Exhibition, Tribuna Plaza, Palermo。**客户**：FOA Foundation。**开发团队**：A. Venturotti。**完成时间**：2009 年。**建筑面积**：85 平方米。**主要材料**：红色和褐色阿根廷花岗岩。

Dominique Perrault Architecture

↑ | 开敞盒子的主要景观效果

↓ | 方案

开敞盒子

Open Box

光州 Gwangju

这个项目背后的想法是创建一处保护骑车人和行人的穿行之地。地上印着同心圆，一个小亭子给游客提供了逗留和放松的空间。在亭子内，椅子、桌子、典型的亚洲小吃摊都能安装。一些椅子是固定的，其他的则可以由居民自己带来。白天，金色的铝金属网闪闪发光，在亭子内创造出光亮的影子。晚上，这个网依然可以发亮，以便让它持续在城市中闪亮。这是一个简单、生动、亲切的项目，旨在城市中心创建一个受欢迎的空间。

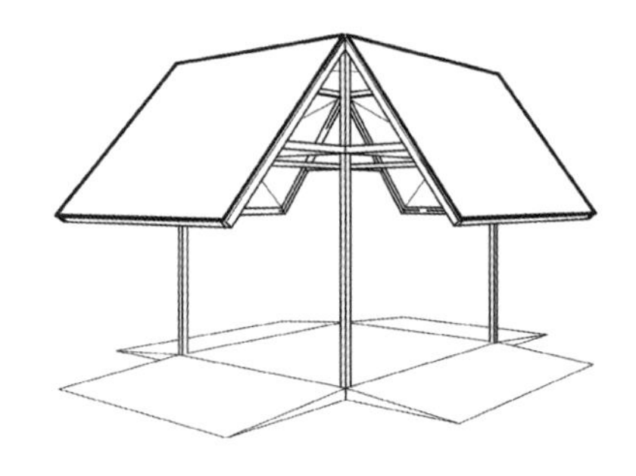

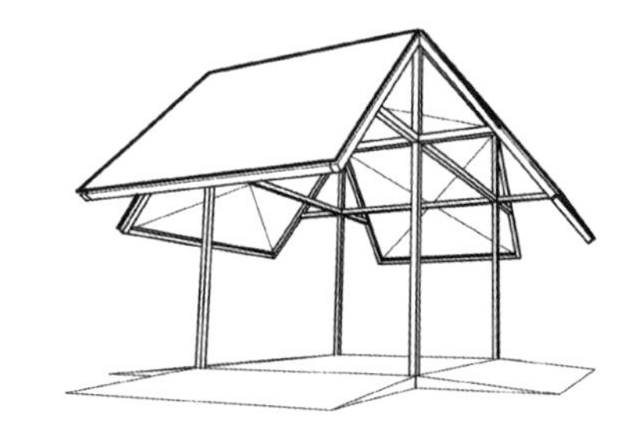

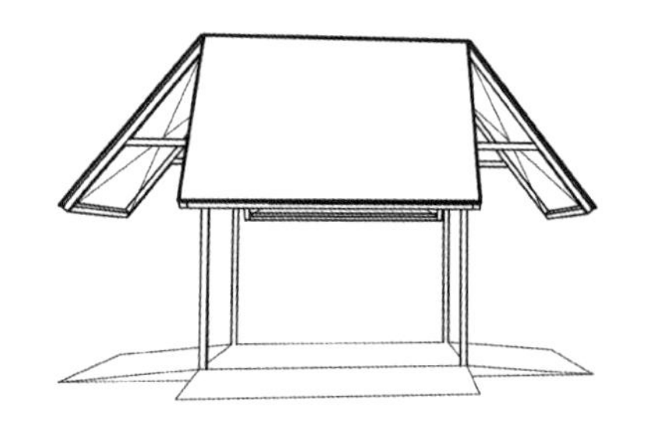

项目情况

地址：韩国光州。**客户**：2011 年光州设计双年展。**完成时间**：2011 年。**主要材料**：金属网。

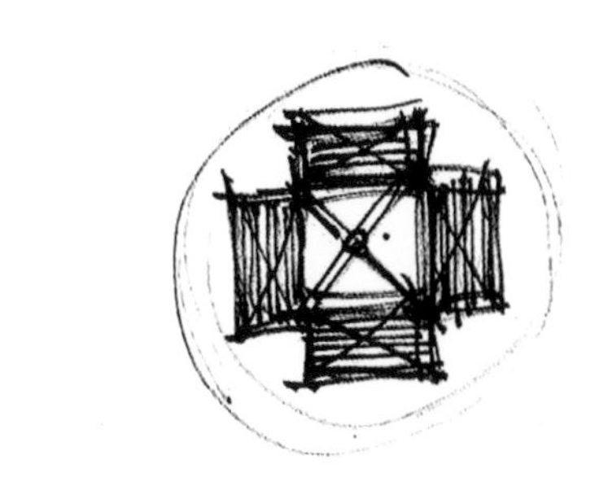

↑ | 在光州开放空间中使用的开敞盒子

↓ | 街道景观中的开敞盒子

↑ | 草图

Martha Schwartz Partners

↑ | 大运河广场的主要景观效果

→ | 细部：背景衬托下的水景与红灯柱

大运河广场

Grand Canal Square

都柏林 Dublin

大运河广场是都柏林港区发展区域的主要公共开放空间。面向大运河，在其近陆侧翼末端是丹尼尔·利伯斯金（Daniel Libeskind）设计的显眼的新剧院和娱乐建筑，向北是一个新酒店，向南则发展成一栋办公楼。红色铺装采用一种新近开发的、光亮的红色树脂 / 玻璃材料。绿色的铺装有更加镇静的外观，在各种高度的种植池边缘设置了足够的座位。广场上突出的是由随机堆放的绿纹大理石形成的水景，满溢着泡泡。广场上狭窄的道路纵横交错，通向四面八方，同时又适合举办集市或展览会等大型活动。

项目情况

地址：爱尔兰都柏林。**客户**：Dublin Docklands Development Corporation。**完成时间**：2007 年。**建筑面积**：10000 平方米。

↑ | 傍晚场地鸟瞰图

← | 夜间照明的灯柱

HOTEL
CAFE AREA
LIGHTING BOLLARDS
DROP OFF AREA
MISERY HILL
GRANITE TACTILE PAVING
LIGHTING BOLLARDS

←丨场地平面

↓丨水景

wbp Landschaftsarchitekten

↑ | 埃德蒙－科纳广场的主要景观效果

埃德蒙－科纳广场

Edmund-Körner-Platz

埃森 Essen

这个项目连同它前方的犹太教堂一起将被设计改造，成为一处犹太文化的象征。犹太教堂入口处的车道将被取消，以创建一处步行区域。广场的现代设计反映了从1945年迄今的历史状况，而不仅是一条道路。开放的、受欢迎的广场连接着老的犹太教堂与和平新教教堂（Friedenskirche）。

项目情况

地址：德国埃森，Steeler Straße 29, 45127。**客户**： Municipality of Essen。**完成时间**：2010 年。**建筑面积**：1350 平方米。**主要材料**：亮黄色 / 亮灰色的天然石材、花岗岩。

↑ | 场地平面

↑ | 夜间长椅处的照明

↓ | 位于犹太教堂与和平新教教堂之间的新广场

Lützow 7 C. Müller J. Wehberg
Landschaft planen + bauen

↑ | 水景，提供休息与玩耍的空间
↓ | 细部：水景、喷泉、德意志歌剧院入口

戈茨 – 福瑞德里克广场

Götz-Friedrich-Platz

柏林 Berlin

在德意志歌剧院前面的戈茨 - 福瑞德里克广场于 2008 年被重新设计。这个项目设想建造一个城市休闲空间，赋予空间各种功能和用途，并将餐厅和餐饮区整合在一起。广场的各个区域通过不同的颜色来界定，它们围绕着一处有照明效果的水景。20 世纪初种植的三棵悬铃木现在有了新的平台和楼梯，创建了一个正对德意志歌剧院的新景观。悬铃木树荫下的一些长椅使游客能在荫凉处休息。在晚上，树顶通明，照亮了台阶，把这一切合并成完整的效果。

项目情况

地址：德国柏林，Bismarckstraße 35, 10627。**客户**：Deutsche Oper Berlin。**完成时间**：2008 年。**建筑面积**：1000 平方米。**主要材料**：水磨石沥青、木头。

↑ | 绿篱细部

↑ | 场地平面

↓ | 喷泉

Labics

↑ | 广场的鸟瞰效果

↑ | 服务台细部

喷泉广场

Fontana Square

罗扎诺 Rozzano

这个项目包含罗扎诺一个公共广场的城市设计，它位于米兰郊区，将为当地社区提供灵活的、共享的户外空间。项目的目标是创建一个新的、有弹性的、受当地街坊欢迎的景观，能够满足社会复杂的、不断变化的需求。雷比克斯设计事务所（Labics）的意图是创造一种空间，带动新的、无计划的使用，同时保留浓厚的地方特色。公众参与的咨询帮助市政当局有一个非常精确的了解，对当地社区的许多不同需求和愿望进行协调。正交模式内的三角形系统有助于定义各种自然和人为的表面处理方式。

项目情况

地址 : 意大利罗扎诺，Piazza Fontana, Quinto de' Stampi。**客户** : Municipality of Rozzano。
完成时间 : 2009 年。**建筑面积** : 62000 平方米。**主要材料** : 当地的石头、混凝土、绿柄桑木材。

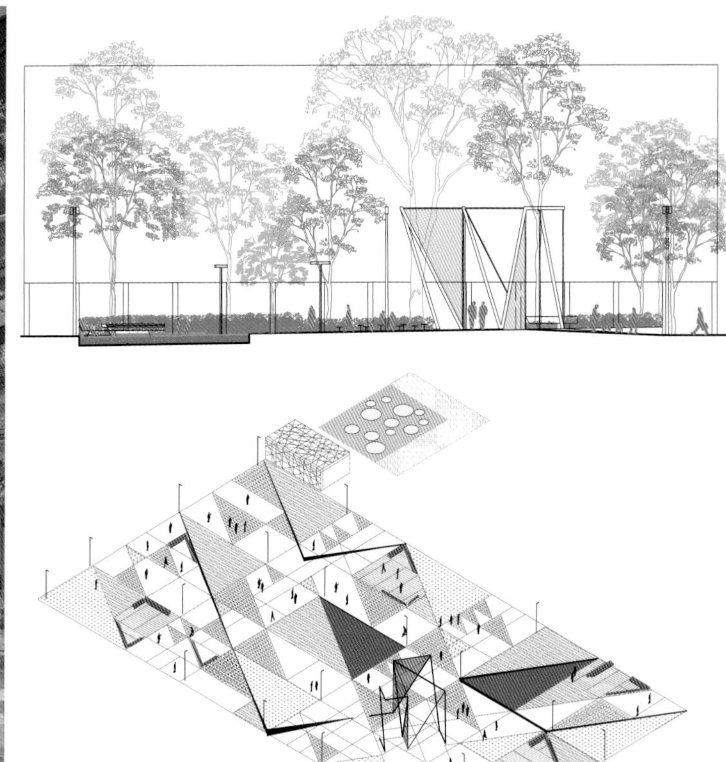

↑ | 玻璃外立面细部

↓ | 景观细部

↑ | 剖面图与轴测图

Aspect Studios

↑ | 夜晚的遮阳结构，支撑的倾斜柱逐渐增多
↓ | 立面图，墙面覆盖层

蓝花楹广场

Jacaranda Square
The Everyday Stadium
悉尼 Sydney

蓝花楹广场（日常露天运动场）是悉尼奥林匹克公园（2000 年悉尼奥运会举办场地）的新住宅和商业综合体中一系列新公共空间的第一个。高度的战略性设计创造了一个充满活力、活跃的、可持续发展的城镇中心，把新城中心与相邻的拥有体育设施的大型活动空间连接在一起。位于奥林匹克公园火车站正对面，斜对 Brickpit，蓝花楹广场是一个提供被动式休闲娱乐和社区聚会的城市公园，是悉尼奥林匹克公园的重要城市公共空间，通过三个主要元素体现出来：一个清晰的、层列式的布置；一个可用的绿色中心；遮阳篷。

项目情况

地址：澳大利亚悉尼奥林匹克公园。**规划合作伙伴**：McGregor Westlake Architecture。**环境设计**：Deuce Design。**客户**：Sydney Olympic Park Authority。**完成时间**：2008 年。**建筑面积** 4000 平方米。**主要材料**：再生砖、装饰釉面砖、预制混凝土、钢铁。

↑ | 遮阳篷，粘土砖“brixel”墙

↑ | 细部：可回收砖的道路铺装强化了放射状的几何形象

↓ | 场地平面

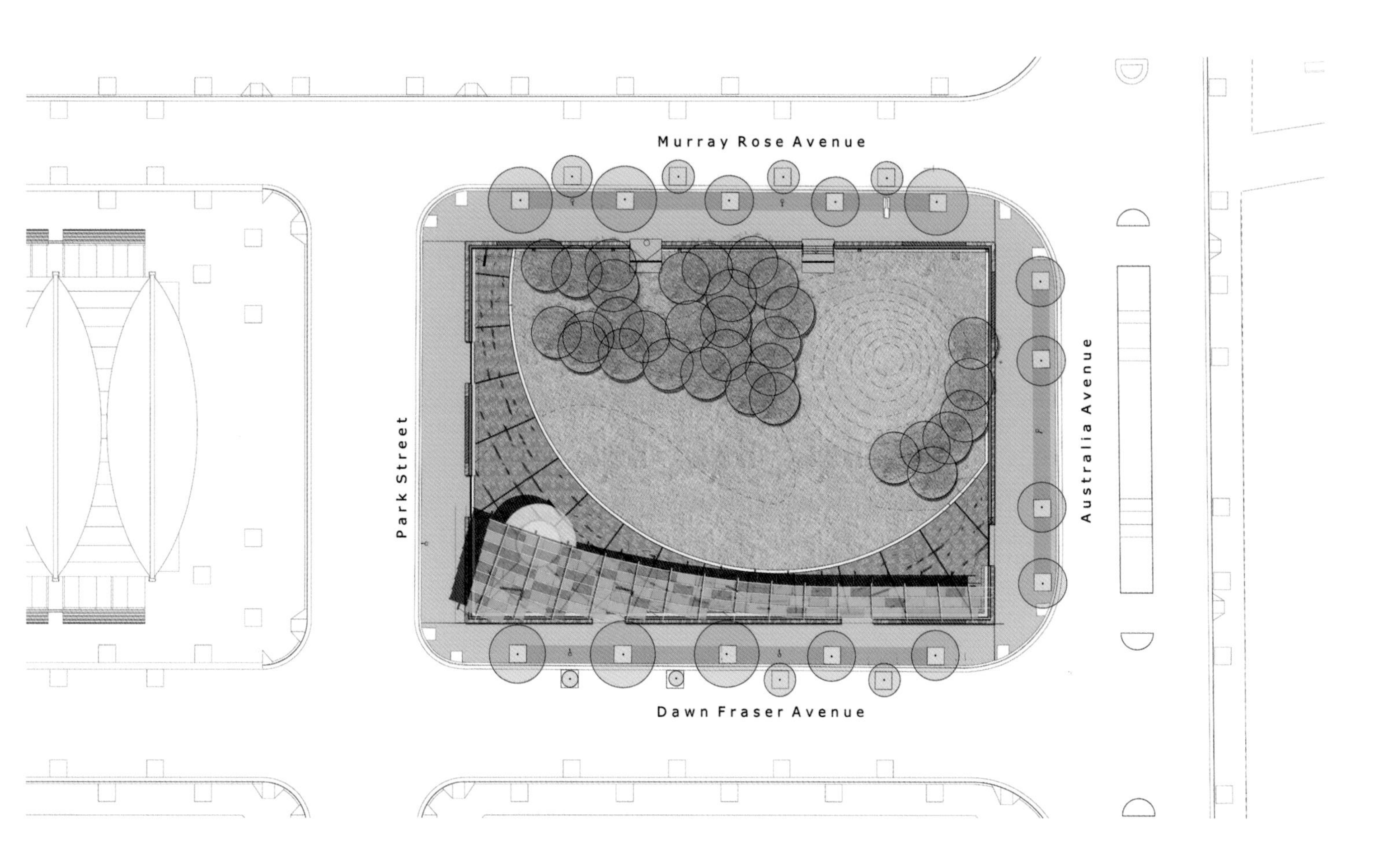

Bureau B+B stedebouw
en landschapsarchitectuur

↑ | 台阶，花朵图案的铺地

→ | 植物的多样性

“盛开的城市”广场

Blooming City

尼沃海恩 Nieuwegein

这个城市广场是尼沃海恩市的核心区，一个具有代表性的空间，它既能通向市政厅，又能到达剧院综合体。通过抽象的花朵与枝干的图案，这个“盛开的城市”的概念已经被诠释入公共空间的路面铺装和公共设施中。铺装图案连续不断地通过市政厅，把城市广场和商业购物广场连接起来。植物集中在广场上，给每个地方带来独一无二的特征。其中的一个广场“Winkelplein”，它的独特性归功于其不同寻常的绿篱。在这里，花的图案立体起来，进行了第三维度的展示。

项目情况

地址：荷兰尼沃海恩市。**客户**：Municipality of Nieuwegein。**完成时间**：正在进行。**建筑面积** 40350 平方米。**主要材料**：两种不同深浅的花岗岩。

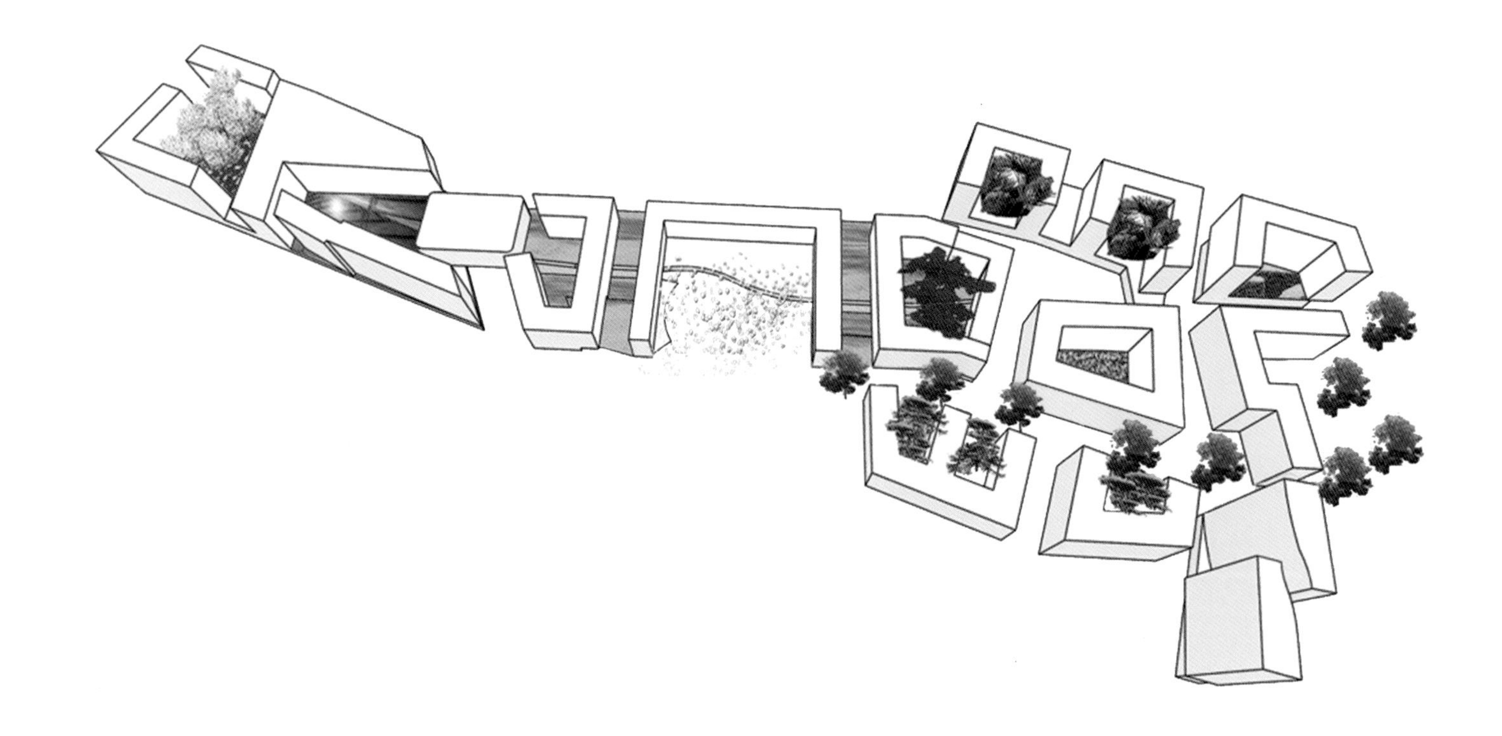

↑ | 绿洲规划

← | 广场上花的岛屿

←丨广场上树的岛屿

↓丨场地平面

Robin Winogrond
Landschaftsarchitekten

↑ | 鸟瞰图，广场的布局与展馆

卡森巴克广场

Katzenbach-Platz
苏黎世海滨 Zurich-Seebad

广场设计有这样一个目标：营造树冠和地平面之间具有梦幻氛围的空间，树影融进了空间的形象和体验。铺装的形式受到树影图案的启发，阳光撒落在树冠上形成影子，同时影子又在空间移动。所有设计元素，从座椅、水到游乐设施的结构，都在呼应光与影、树干本身，形象化地把它们融进整个氛围中。流线性图案的复杂性（特别是随着树木的生长）需要游客徘徊穿越广场。尽管如此，一个有效的致密结构被无缝整合进设计中。

项目情况

地址：瑞士苏黎世海滨 Katzenbachstrasse, 8052。**展馆建筑师**：Zita Cotti Architekten。**客户**：Baugenossenschaft Glattal Zürich。**完成时间**：2011 年。**建筑面积**：1500 平方米。**主要材料**：混凝土、沙砾、洋槐、松树、钢柱、绳子。

↑ | 细部：光与树影

↑ | 水景，座椅的元素呼应着光影的走向

↓ | 运动场，游乐设施的构造呼应了树干和林冠的形象

Planergruppe Oberhausen,
Reith+Wehner Architekten

↑ | 悬铃木阵
↗ | 细部：停车场入口
→ | 从嘉士达百货大楼望出去的广场主要景观效果

富尔达大学城广场

Universitätsplatz
富尔达 Fulda

一个新停车场的建设提供了一次机会：用更加开放和现代的方式，重新设计富尔达老城和邻近发展区之间的一块区域。由赛普·鲁夫（Sepp Ruf）设计的具有独特外观的嘉士达（Karstadt）百货大楼在广场上占据主导地位，实际上广场最初也是由鲁夫设计的。清晰的结构新近被解读为“鲁夫网格”，它被种植在广场上的悬铃木树阵所强化。这片有树荫的地方为整个广场提供了景观视点。座椅和喷泉沿着商业区布置，提供了放松或游戏的空间。

项目情况

地址：德国富尔达大学城广场。**照明设计**：AG Licht。**客户**：Municipality of Fulda。**完成时间**:2012 年。**建筑面积**:6300 平方米。**主要材料**：贝壳灰岩。

DEPOT
GALERIA

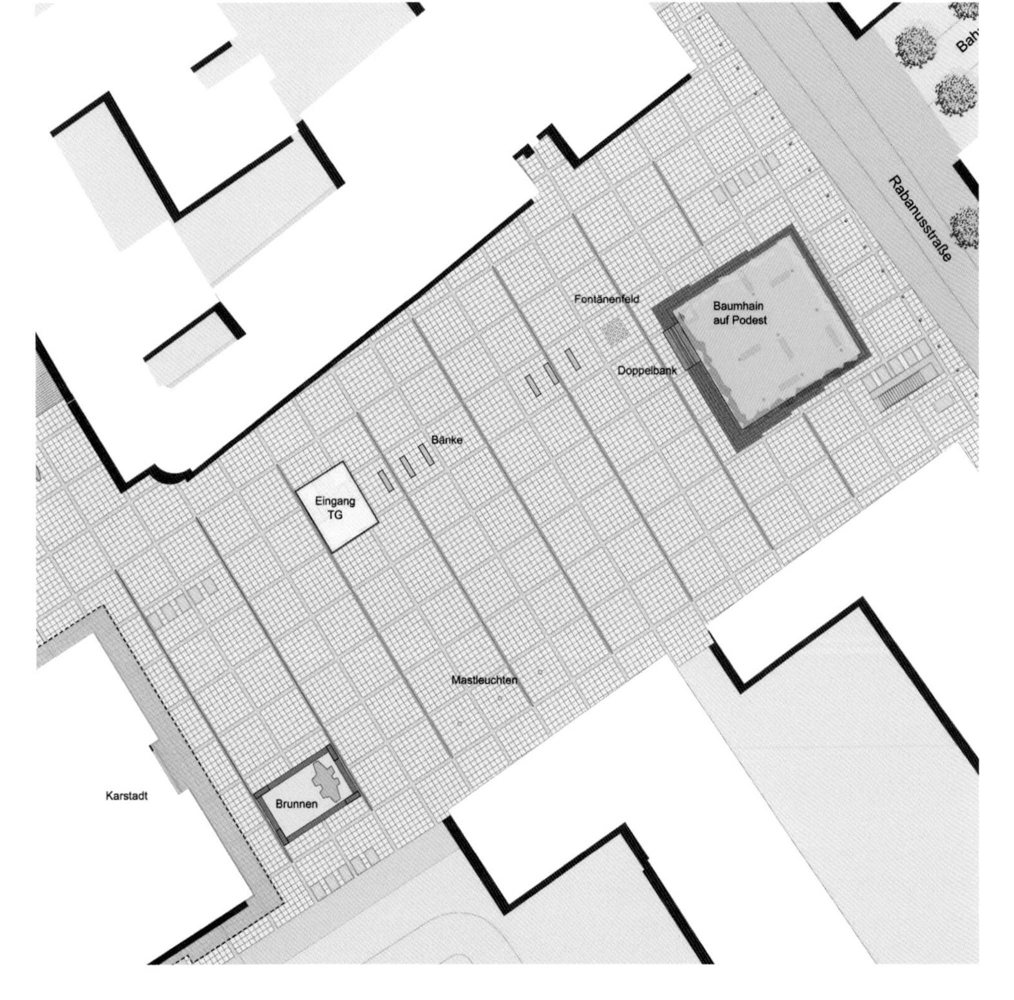
Rabanusstraße
Fontänenfeld
Baumhain auf Podest
Doppelbank
Bänke
Eingang TG
Mastleuchten
Karstadt
Brunnen

↑ | 长椅，夜间照明

← | 场地平面

←丨细部：喷泉与铺装

↓丨地下停车场的模型立体剖面

club L94
Landschaftsarchitekten

↑ | 广场，河流
→ | 座椅

埃尔斯贝森广场改造

Conversion of Elsbethenareal and Schrannenplatz

梅明根 Memmingen

一边是小巷和街道，另一边是一系列私人庭院，这描绘出对梅明根老城的空间感知。这两种不同的城市结构在广场上相遇，发生碰撞。区域添加了步行街，这让发展中的内城南端具有强有力的吸引力。在埃尔斯贝森广场，剧院和办公楼被合并，形成一个独立体，楼下是一个充满文化氛围的、可以就餐的院落。这里已经被重新设计成多功能、开放的城市广场。

项目情况

地址 : 德国梅明根 Schrannenplatz, 87700。**规划合作伙伴 :** d.n.a trint + kreuder。**客户 :** Siebendacher Baugenossenschaft e. G. Memmingen, Hochbauamt Stadt Memmingen。**完成时间 :** 2011 年。**建筑面积 :** 5000 平方米。**主要材料 :** 水泥、钢铁、水、树木。

↑ | 树池，夜间照明

← | 场地平面

←｜细部：夜晚的喷泉

↓｜广场上的餐饮区

Raad/James Ramsey

↑ | 主要景观效果：地下公园为就座和休憩提供了空间

德兰西街地下公园

The Delancey Underground
纽约 New York City

德兰西街的地下工程，由詹姆斯·拉姆齐（Jeames Ramsey）设计，拉德（Raad）主管，旨在把德兰西街地下一个未使用的电车站转换成地下公园——绰号“低线”，灵感来自于高线公园的惊人影响。当地企业、居民、社区领导人和各政党相关人员都表达了对这个想法的极大热情。德兰西街地下公园不仅仅是一个经济振兴的机会，它也代表了最前沿的设计和新一代绿色技术。这是一个更广泛的全球热议的核心问题：关于城市基础设施的潜力和重新改造城市空间的必要性，不管是地上还是地下。

项目情况

地址：美国纽约州纽约市，Essex Street/Delancey Street。**完成时间**：正在进行。**建筑面积**：4650 平方米。**主要材料**：钢铁、花岗岩、玻璃、铝。

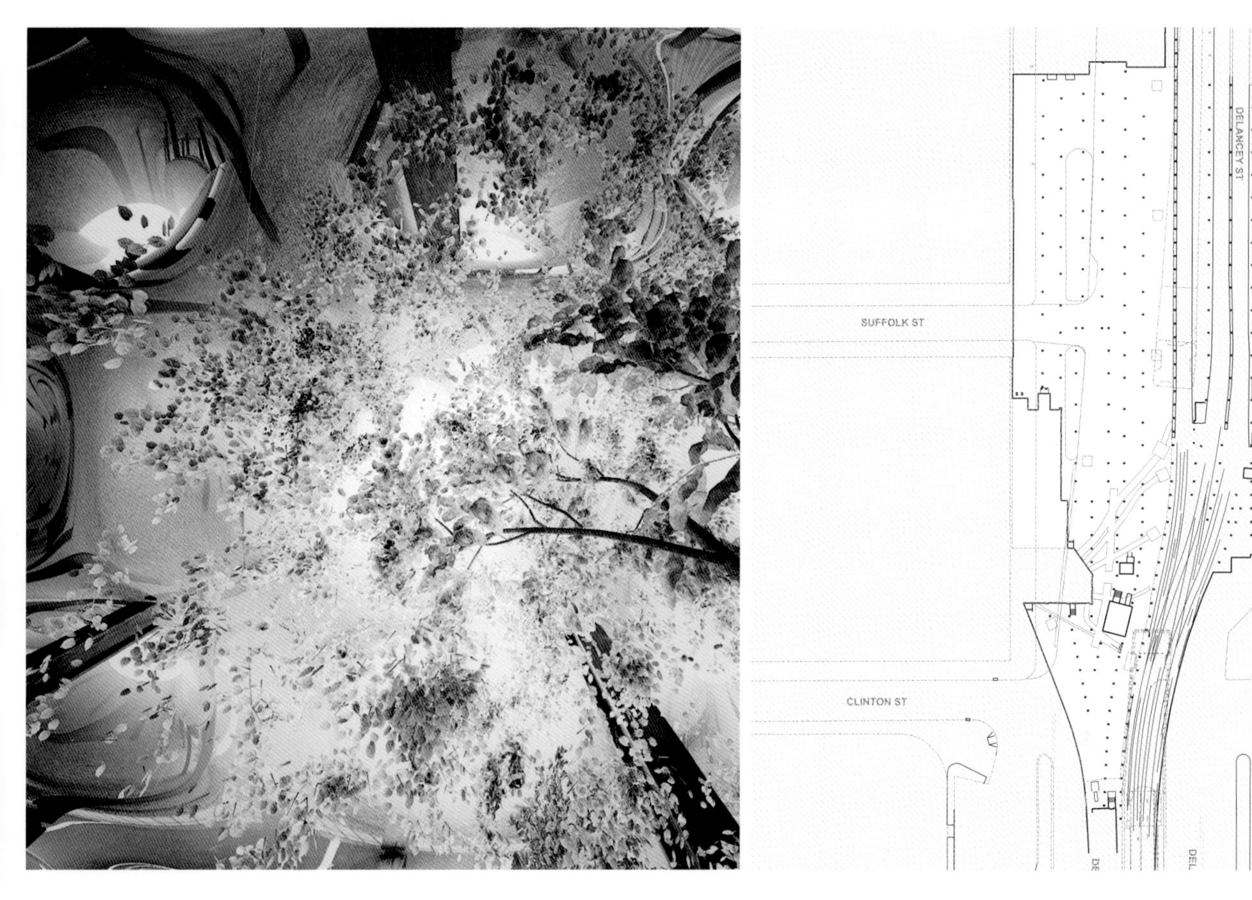

↑ | 细部：种植与屋顶

↑ | 场地平面

↓ | 天窗，地下公园的照明与水景

↑ | 整个广场鸟瞰图

↘ | 剖面图

加里波第广场

Piazza Garibaldi

那不勒斯 Naples

加里波第广场是那不勒斯运输系统中最重要和复杂的交通枢纽之一。这个基础设施项目（包括一个地铁站）使这个生机勃勃的城市空间更加热闹。两个车站共享广场，这一开放空间由城市公园、丰富的花园、大池塘、保护区、覆盖着绿廊的地下室和两侧都是精品店的开放散步道组成。虽然结构和材料都不同，新屋顶还是对齐与扩展延伸了中央车站的屋顶。屋顶由 8 棵金属树组成，创建出一种框架，有三种模式的简单变化，类似多节的、弹性多变的竹丛。

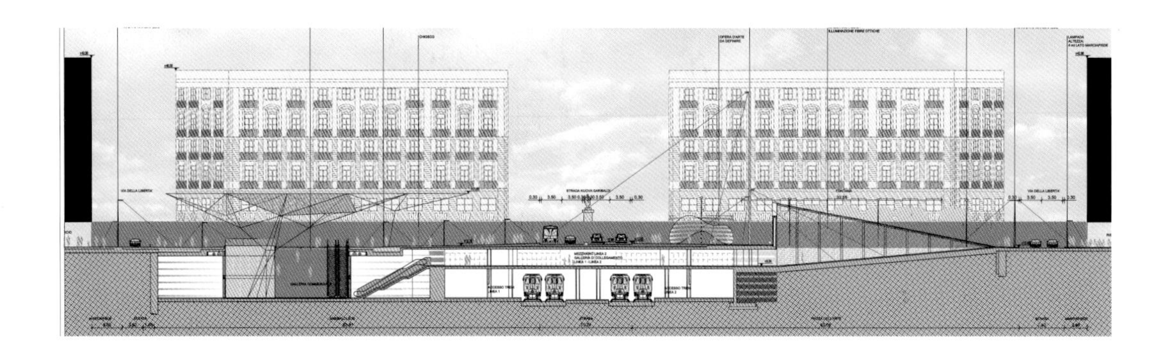

项目情况

地址：意大利那不勒斯加里波第广场。**客户**：Municipality of Naples。**完成时间**：2014 年。**建筑面积**：21000 平方米。

↑ | 南边台阶处的天篷

↓ | 夜间鸟瞰图

↑ | 天篷内的车站

Schaller/Theodor
Architekten

↑ | 环形广场上的灯柱
↗ | 大教堂阴影处的座椅
↑ | 大教堂前的台阶，提供了就座休息空间

重新设计的科隆火车站站前广场

Redesign of Train Station Forecourt

科隆 Cologne

1967 年台阶的解决方案是城市交通规划人员实施法规的结果。在广场下修建了一定数量的地下道，为围绕大教堂一步步发展的城市区域创造了足够的空间。这个新设计的意图反映了大教堂建筑群的结构多样性，为这一纪念碑式的历史地标增添了一个适宜的前广场。广场的表面被清空，统一铺以花岗岩，设置大型灯柱；所有设计带给城市肌理一种微妙简洁的变化。

项目情况

地址：德国科隆。**照明设计**：Kress&Adams Atelier für Tages- und Kunstlichtplanung。**客户**：Municipality of Cologne。**完成时间**：2006 年。**建筑面积**：11950 平方米。**主要材料**：斯拉塞安花岗岩、意大利磨拉石、铜。

↑ | 广场，新台阶与灯柱

← | 台阶的鸟瞰图

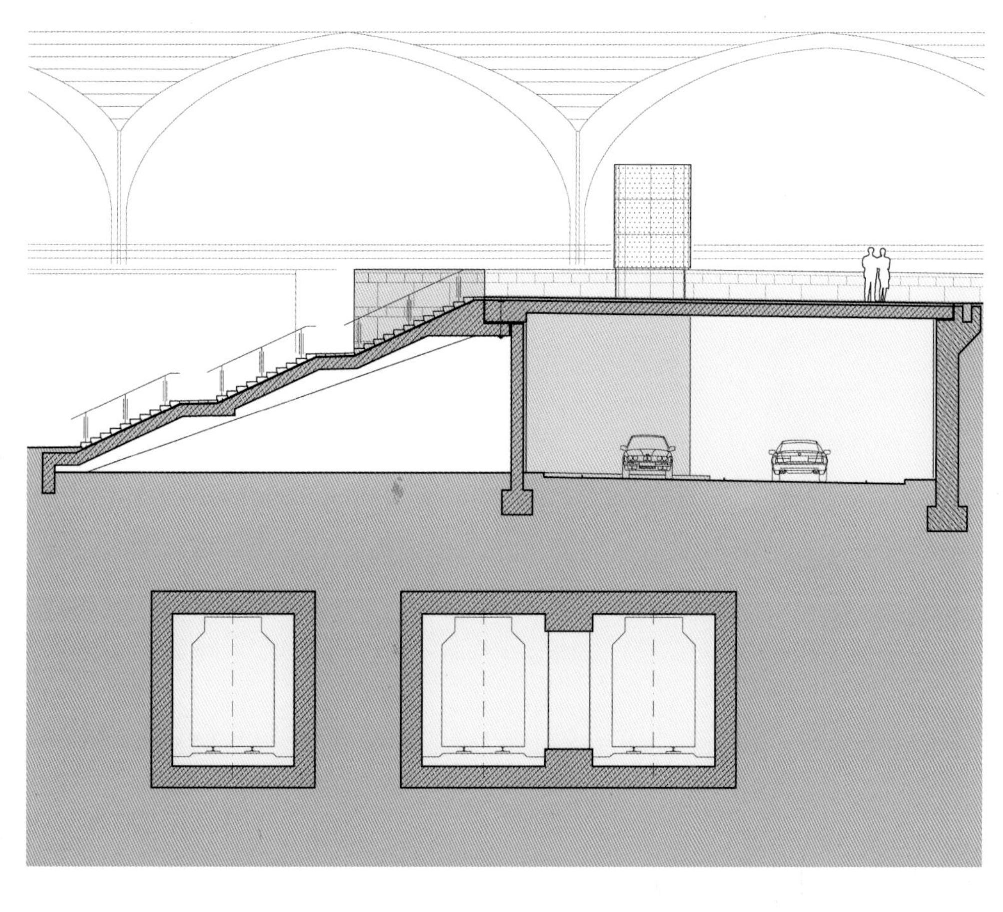

↖ | 剖面图

↓ | 关于广场历史的展览

tonkin liu

↑丨“步道波”（抬高的波浪形步道），有夜间照明

↗丨多佛的海滨散步道，既提供了座椅又有人行通道

→丨夜晚的长凳

海滨散步道

Esplanade

多佛 Dover

这个项目实则是三样艺术品：抬高的“步道波”、“休息波”和“照明波”。该方案利用多佛自身的建筑语言，避风港温柔的波浪拍打着沙滩，有节奏地轻抚着乔治亚海滨平台。“步道波”是一个由雕塑般的预制混凝土坡道和台阶形成的重复体，斜坡上成型加工了极小的微型台阶，创建了一个带有分层台阶的采光微造型表面。“休息波”是一个雕塑般的挡土墙，能提供座位与休息空间。“照明波”是一条由雕塑般的白色圆柱工艺造型形成的线性排列，白天它能收集日光，夜间还能创造灯光照明效果。这三种“波”每一种都能根据自己所处的场地，应对海滨区的环境条件。

项目情况

地址：英国肯特郡多佛 Sea Front, Marine Parade。**结构工程师**：Rodrigues Associates with Jacob's Engineering。**规划合作伙伴**：Jacob's, Ringways, Thorp Precast, Mike Smith Studio。**客户**：Sea Change/Department for Culture, Media and Sport, Kent County Council, Dover District Council, Dover Harbour Board。**完成时间**：2010年。**建筑面积**：6000平方米。**主要材料**：预制混凝土坡道、台阶、楼梯平台、防波堤部分、挡土墙。

↑ | 散步道景观效果，从城堡防御工事的高处望出去

↙ | 凸面 A 型与凹面 AA 型的旋转对称

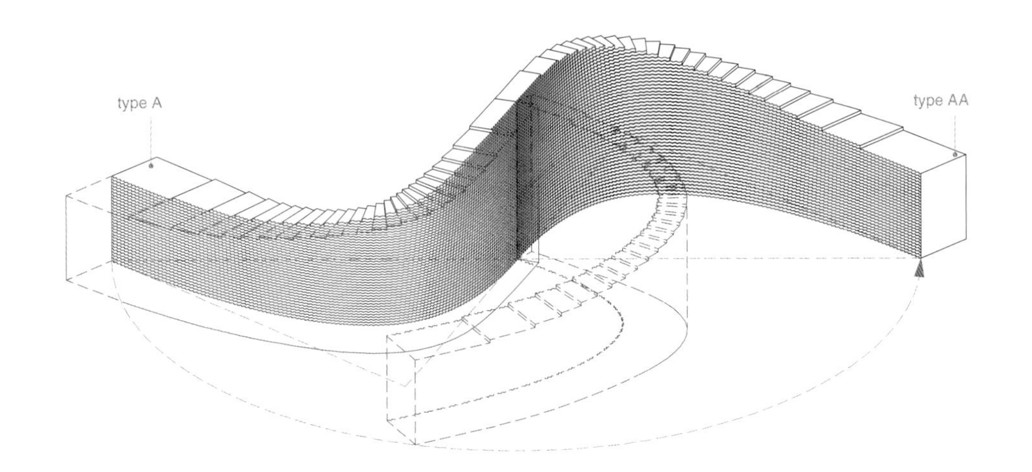

←丨“照明波”（ 波浪形排列的照明设备），远处背景是城堡防御工事

↓丨场地平面

FoRM Associates

↑ | 黄昏时的主要景观效果

→ | 散步道与整个场地的鸟瞰图

特拉福德码头散步道

Trafford Wharf Promenade

曼彻斯特 Manchester

这条新散步道的建成完成了艾威尔河城市公园总体规划的第一步。与毗邻的新“多媒体城”人行桥相连，散步道在河岸区提供了一个重要的战略性的新循环回路，这是一个在大曼彻斯特郡关键的重建区。这种回路有助于转变该区域的行走体验，也通向英国的多媒体城——英国广播公司 (BBC) 的新家，帝国战争博物馆北展馆 (IWMN) 也坐落于此。设计玩转凸、凹的几何形体，创建了一个富有想象力的公共领域，与 IWMN 和新媒体桥的设计形成互补。一个建在水上的新的露天平台与台阶区域，能通行大量行人和骑自行车的游人，提供一系列公共空间。

项目情况

地址：英国曼彻斯特，Salford Quays。**客户**：The Peel Group。**完成时间**：2011 年。**建筑面积**：3000 平方米。**主要材料**：单片花岗岩块、不锈钢、耐用的木材甲板、树脂胶合的铺面材料。

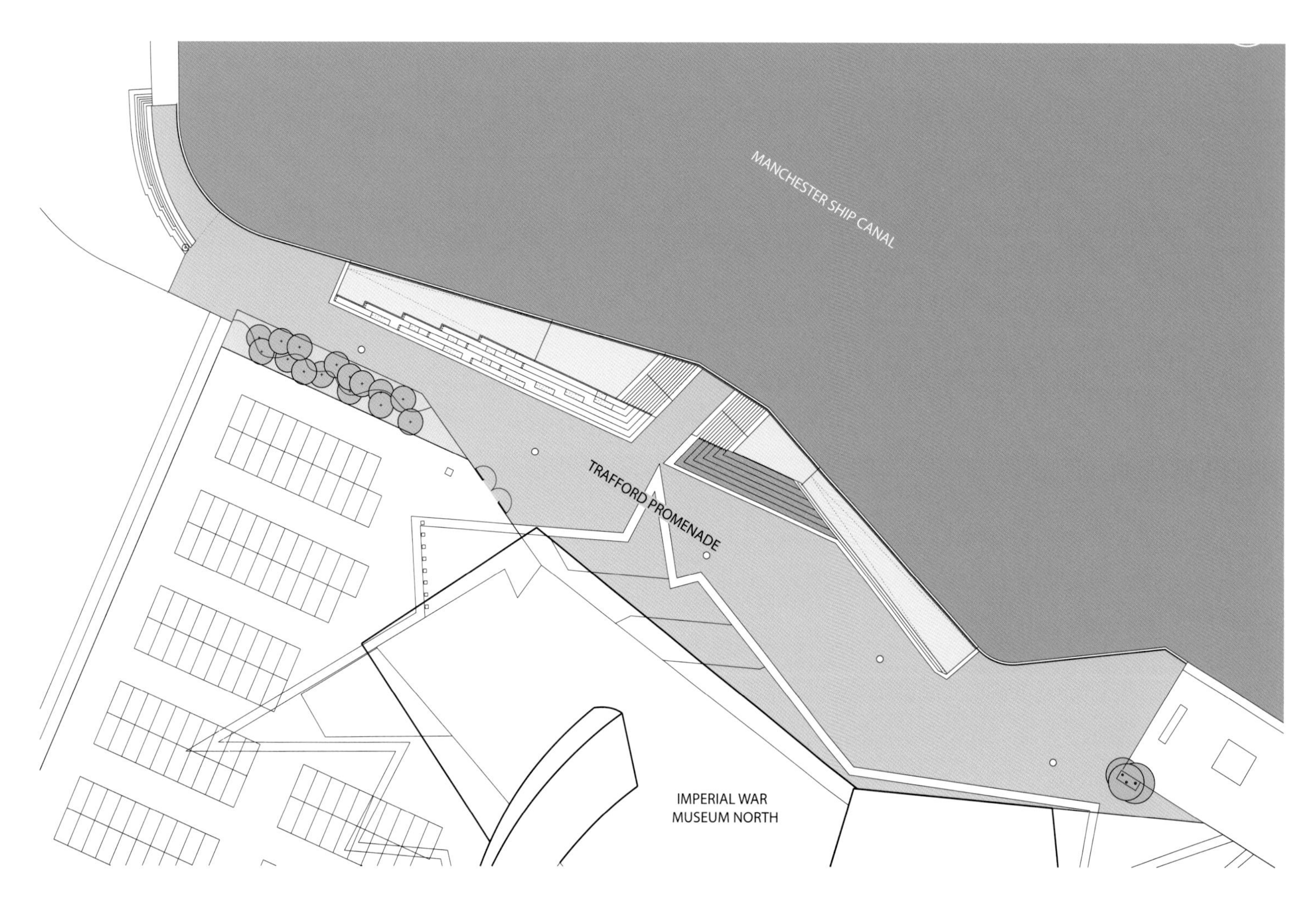

↑ | 场地平面

← | 台阶，能提供就座休息空间

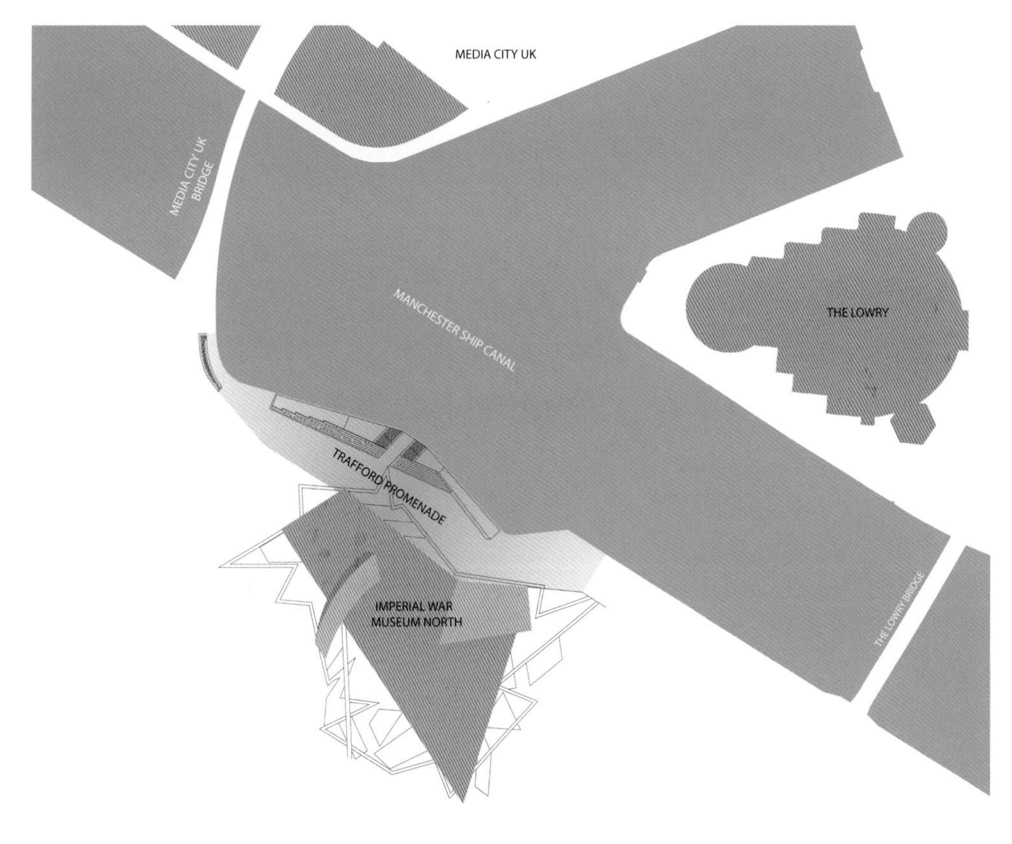

↖ | 散步道和周围环境详图

↓ | 夜晚的散步道

Isthmus
Studio Pacific Architecture

库姆托托滨水区

Kumutoto
惠灵顿 Wellington

↑ | 库姆托托河口的阶地状平台和桥梁
↗ | 通道，延续着历史上防波堤的走向
→ | 能接近水面的阶地状平台

惠灵顿海滨以丰富的文化遗产为特点，库姆托托滨水区重新把城市和海港连接起来，使城市的结构网格延伸到了水边。设计团队通过强有力的审美感受，保存了过去的痕迹，回应着滨海区沿海的特质。在库姆托托河口，一系列的阶地状平台让人想起失事船只沉积的残骸，漂浮到水边；一座新建的人行天桥加强了被遗忘的水道和港口之间的联系。在更加有庇护感的城市空间中，公厕使用了有机的形态，让人联想到甲壳虫类的生物；子午线建筑、历史上的棚屋、当地的沿海种植共同定义了这个空间，浮木座椅则唤起了海港栈板的记忆。

项目情况

地址：新西兰惠灵顿的惠灵顿滨水区。**客户**：Wellington Waterfront Ltd.。**完成时间**：2008 年。
建筑面积：10000 平方米。**主要材料**：木材、混凝土。

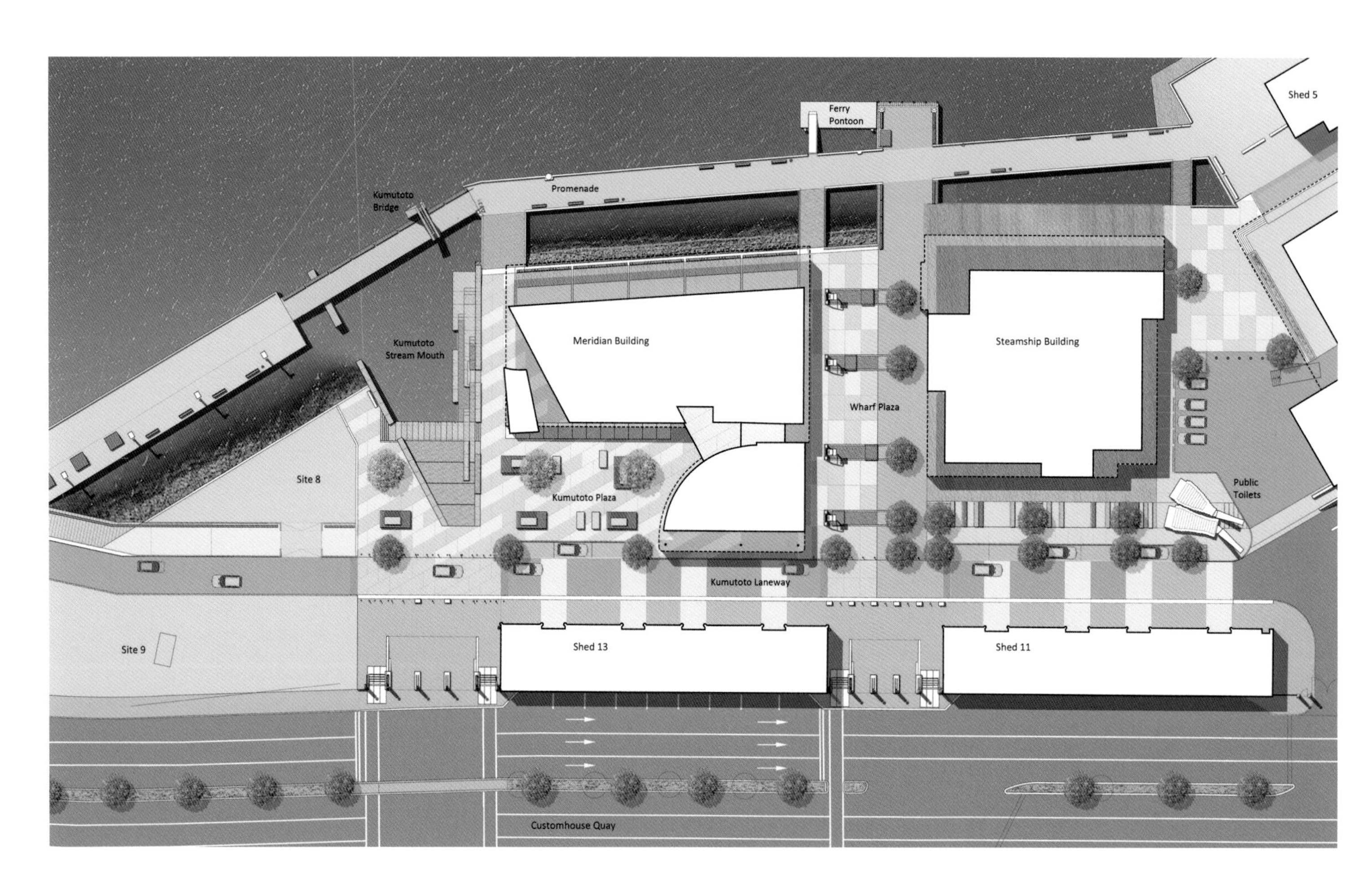

↑ | 总平面图

← | 有机形态的公厕，暗示着甲壳虫类的生物

←丨傍晚时的码头广场

↓丨阶地状平台，提供就座空间

heri&salli

↑ | 从广场看过去的主要景观效果
↗ | 栏板上的吊床
→ | 楼梯

蝙蝠屋

Flederhaus

维也纳 Vienna

heri&salli 建筑师事务所设计了维也纳的住宿博物馆（the Museum Quarter）前广场。结果是一系列的建造停滞。经过深思熟虑，博物馆的开放空间被设计成一个休闲放松的地方，现今建筑师已经在这个区域创建了一个都市空间模型——蝙蝠屋（“bat-house”）——内部还配备了吊床。因为不同的使用功能和空间的开放度，房子的抽象形状与更加传统的住宅建造背道而驰，它是一个更加扩大的公共空间。

项目情况

地址：奥地利维也纳，Museumsplatz 1,1070。**木结构施工**：Griffner AG, Binderholz。**客户**：MQ Vienna。**完成时间**：2011 年。**建筑面积**：275 平方米。**主要材料**：木材。

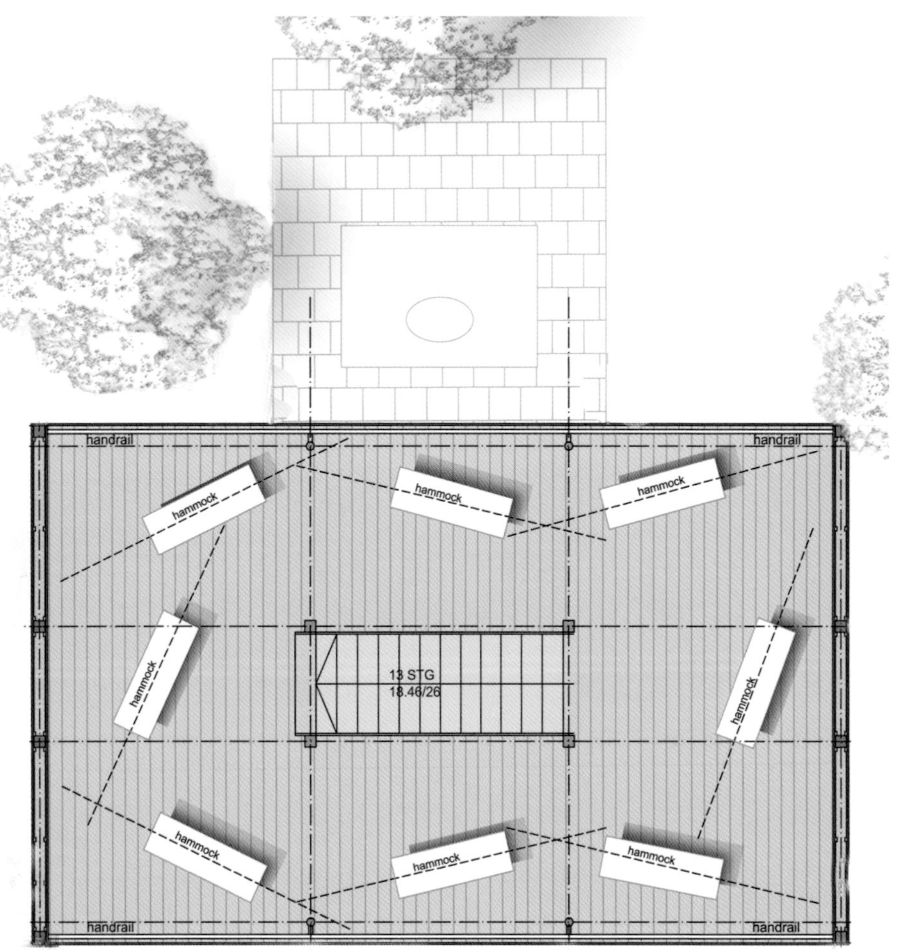

↑ | 从顶楼望出去的广场景观

↙ | 标准层平面图

←丨正立面

↓丨剖面图

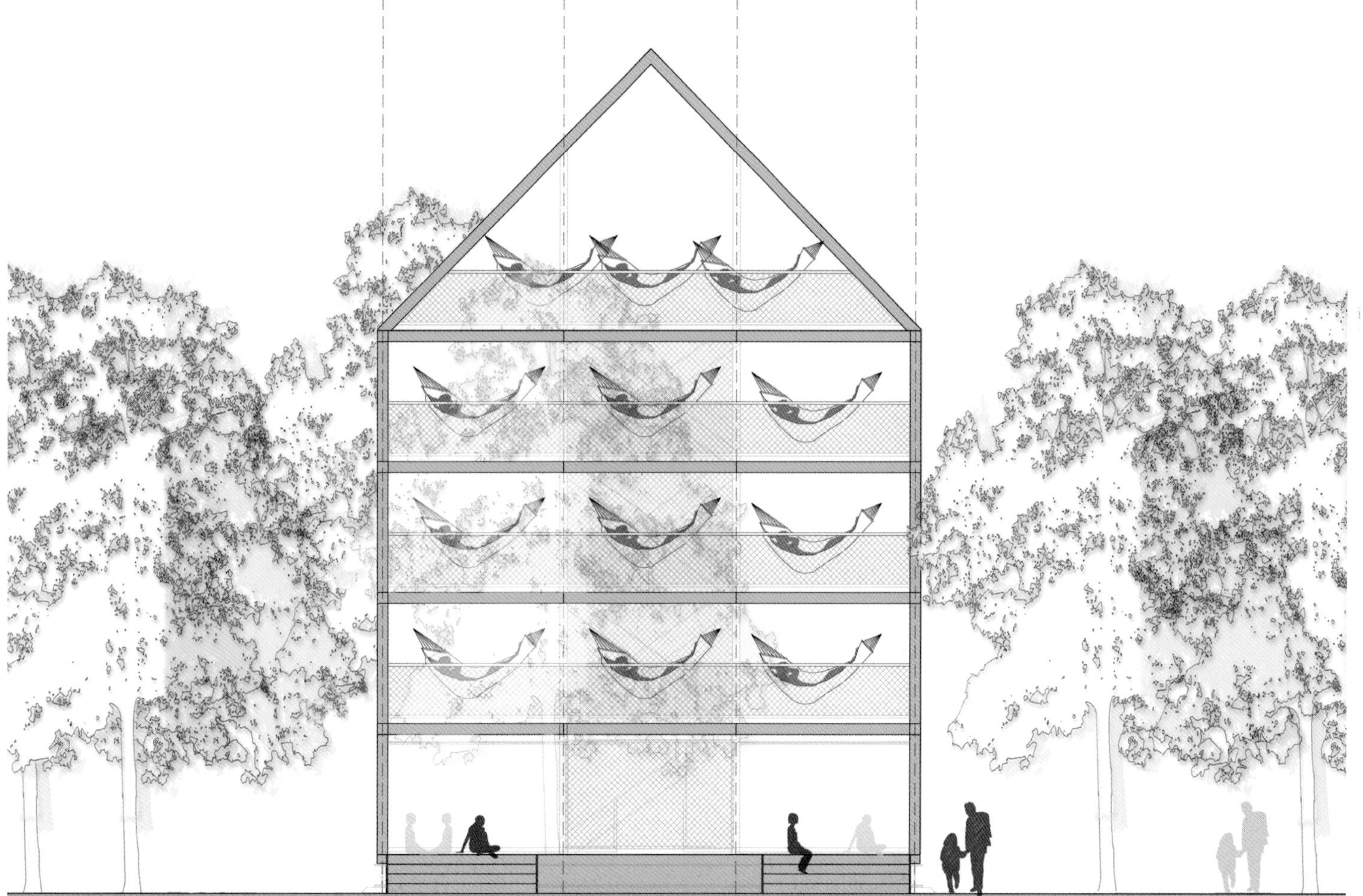

Rios Clementi Hale Studios

↑ | 钢底座，配有鲜亮的绿色透明嵌板

昆西广场

Quincy Court

芝加哥 Chicago

昆西广场的改造突出了“七棵树”的天篷状元素，它们由钢铁和三片基调半透明的丙烯酸面板制成。设计师增加了“树冠”元素、各种各样的座椅，并提升了空间的硬质景观。“树”根植于喷砂混凝土底座中，并配有抽象的“树叶”图案。在现有的座位和硬质景观基础上加入新的花岗石长凳和铺路材料，同时一种新的场地设施语言也产生了：混凝土长椅和半透明的、能发光的树脂桌，内设 LED 灯。四片巨大的树叶被放置在地面，看上去似乎是随意被“刮落”在人行道上，这是众所周知的风之城“强劲阵风”的“结果”。

项目情况

地址：美国芝加哥 Adjacent to 220 South State Street。**照明顾问：**Kaplan Gehring McCaroll。**结构工程师：**KPFF Consulting Engineers。**客户：**U.S. General Services Administration。**完成时间：**2009 年。**建筑面积：**1120 平方米。**主要材料：**钢铁、半透明的丙烯酸嵌板、白色的花岗岩。

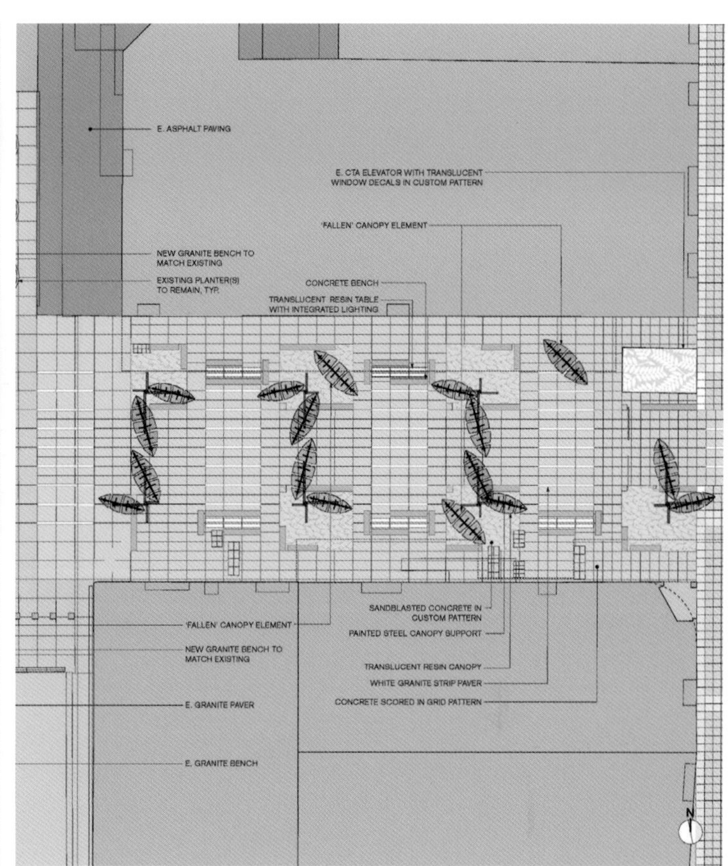

↑ | “树叶”，“风之城”把“树干”上的“树叶”吹落

↓ | 雕塑般的照明设备，提供更多的安全感与视觉趣味

↑ | 场地平面

1813
1803
1798
1786
1749
1735
1712
1788
1777
1710

街区 Corso

↑丨夜间“都市阳伞”下的照明

→丨“阳伞”天篷细部

都市阳伞

Metropol Parasol

塞维利亚 Seville

“都市阳伞”项目属于塞维利亚的恩卡纳森（Encarnacíon）广场重建的一部分，它已成为一个独特的新城市地标。场地的可识别性是设计这个构筑体希望达到的目标，塞维利亚鲜明的城市形象使它成为世界上最迷人的文化旅游目的地之一。恩卡纳森广场依靠“都市阳伞”的潜力有望成为新的当代城市中心。在塞维利亚中世纪老城区的致密结构城市网中，它是一处独特的城市空间，能进行各式各样的休闲和商务活动。高度发达的基础设施建设有助于激活广场，成为一个对游客和当地人都有吸引力的目的地。

项目情况 **地址**：西班牙塞维利亚，Plaza de la Encarnacíon。**客户**：Ayuntamiento de Sevilla and SACYR。
完成时间：2011 年。**建筑面积**：12670 平方米。**主要材料**：混凝土、木材、钢铁、花岗岩。

↑ | 屋顶景观效果

↙ | 场地平面

←丨鸟瞰图，“都市阳伞”在恩卡纳森广场延伸

↓丨立面图

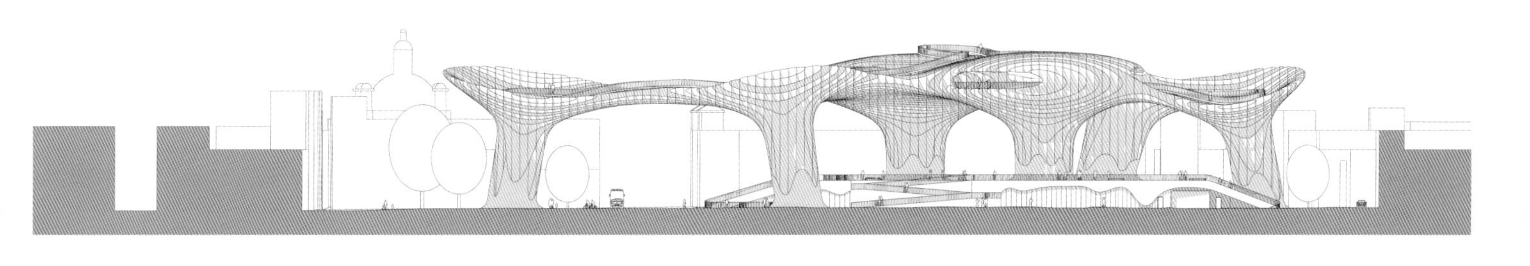

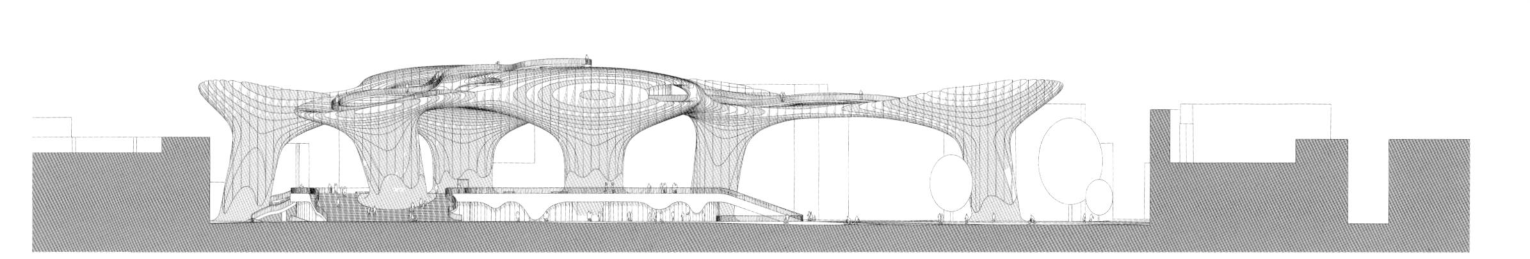

Apostrophys The Synthesis Server

↑ | 夜间主要景观效果

↓ | 总平面图

光之梦幻花园

Imagination Light Garden

清迈 Chiang Mai

光之梦幻花园的概念灵感源于一个老妇人的形象，她把一束凋谢的莲花献给了普密蓬国王。普密蓬国王弯下身从老妇人手里接过莲花，展现了他的仁慈。此外，“莲花”是泰国主要宗教——佛教的象征，这个花园的各个角落都使用到了莲花。花园分为五个部分：花海、星海、黑光、安达德湖和暮光之城。光之梦幻花园面积约 6300 平方米，布满了大约 200 万个灯泡。

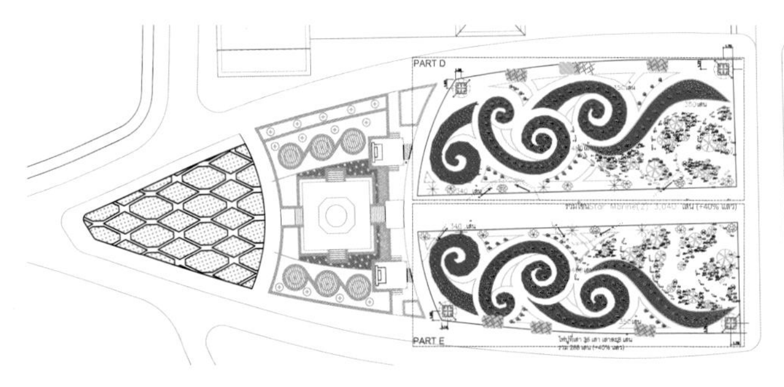

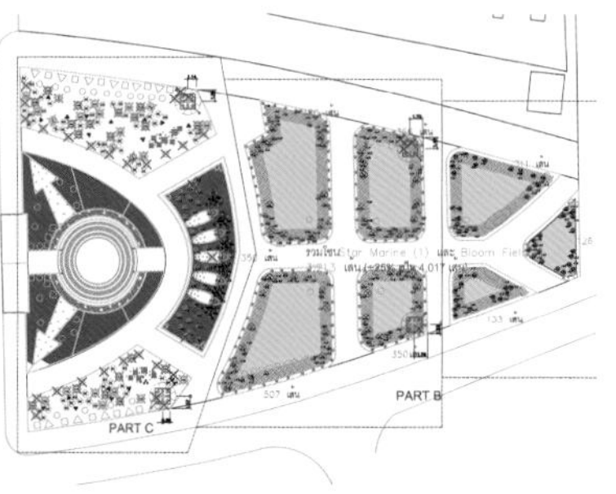

项目情况

地址：泰国清迈，The Royal Rajapruek Park。**客户**：The International Horticultural Exposition Royal Flora Ratchaphruek。**完成时间**：2012 年。**建筑面积**：6300 平方米。**主要材料**：光雕塑。

↑ | 引导市民穿行的道路

↓ | 种植

↑ | 花朵形象的“光之雕塑”

Isthmus

↑ | 东南向主干道高架桥下的座椅

西尔维娅公园

Sylvia Park
惠灵顿山 Mount Wellington

西尔维娅公园是一个位于奥克兰惠灵顿山的商业公园和购物中心综合体。场地被东南向主干道 (SEART) 的高架桥一分为二。SEART 公园就在这个冰冷的、黑暗的、灰色混凝土公路桥下方。垂直的钢杆是主要设计元素，它们被涂上充满活力的色彩，给空间带来活力和激情。间隔排列的柱子像森林中的树木，只是高度和颜色不同。散布在柱子中非正式的集会空间，为周末市场、艺术表演和产品展示提供了机会。其间的座位是由玻璃纤维制成的。

项目情况

地址：新西兰惠灵顿山，Mount Wellington Highway 286。**客户**：Kiwi Income Property Trust。
完成时间：2008 年。**建筑面积**：7000 平方米。**主要材料**：暴骨混凝土、石铺镶嵌体、涂漆钢杆、玻璃纤维座椅。

↑ | 座椅和彩色柱子
↓ | 概念模型

↑ | 彩色柱子

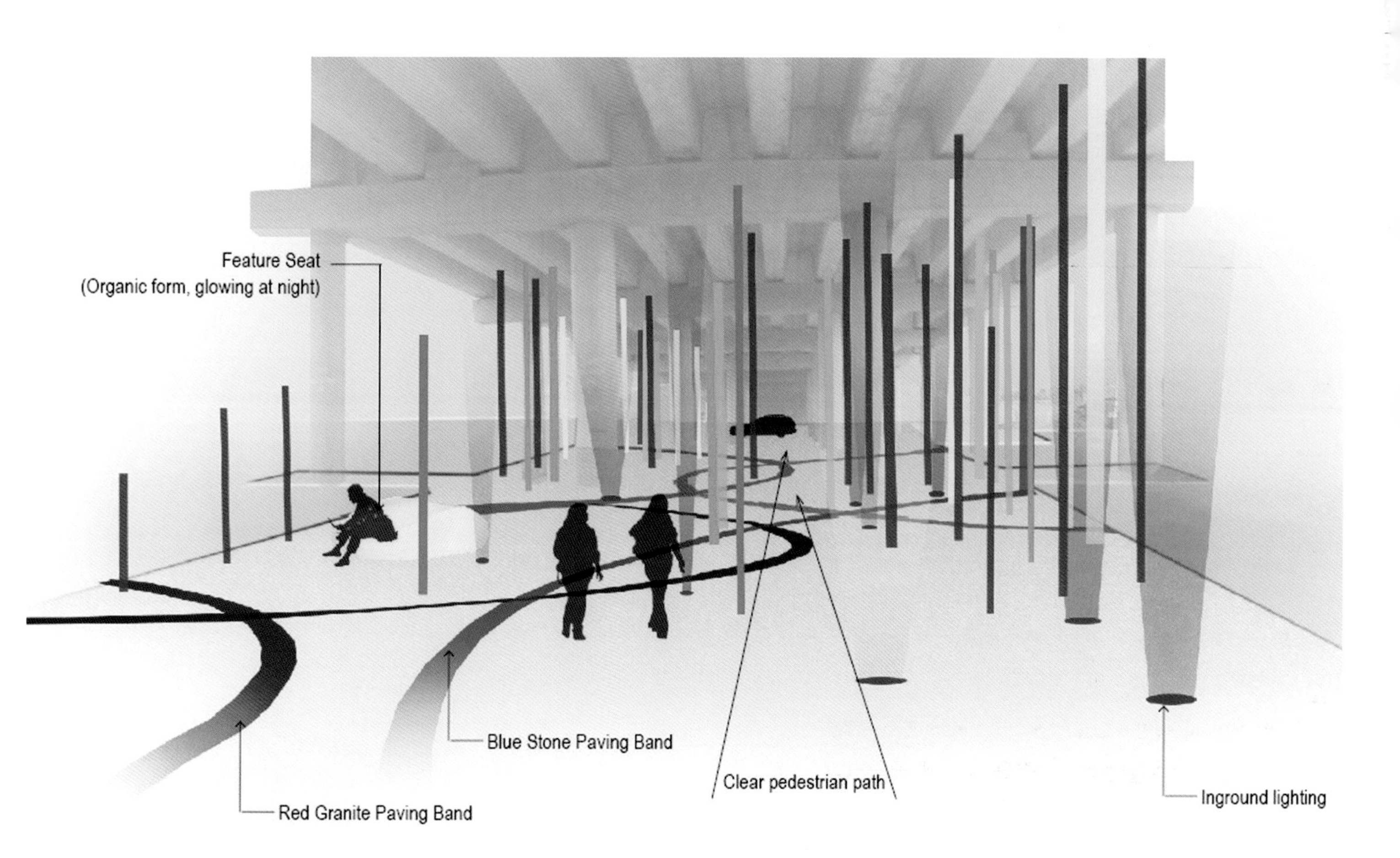

Rios Clementi Hale Studios

↑ | 广场景观效果：可移动的餐桌，配有遮阳伞和椅子

三角落日广场

Sunset Triangle Plaza
洛杉矶 Los Angeles

设计师利用简单的、容易实施的解决方案在三角落日广场做了一个大胆的尝试。这个户外社区空间通过成排成行的线性种植钵来进行划分。可移动的小餐桌配有遮阳伞和椅子，花盆里种植了耐旱植物，一个异想天开的街道着色帮助营造了社区氛围，在热闹街区中留有一丝喘息之地。通过使用油漆和种植钵，设计师仅花了数月就建好了广场，这成为未来社区发展的一个实例。字面上的“绿色空间”实则是指用两种基调的绿色配以放大的圆点图案涂画街道表面。

项目情况

地址：美国加利福尼亚州洛杉矶，Griffith Boulevard, Sunset Boulevard。**客户**： Streets for People, initiative of the city Los Angeles。**完成时间**：2012年。**建筑面积**：1100平方米。**主要材料**：水泥、颜料。

↑ | 球场：热闹街区中的休闲场地

↑ | 每周两次的农户集市

↓ | 场地平面，花费不多的、回收材料建造的街道

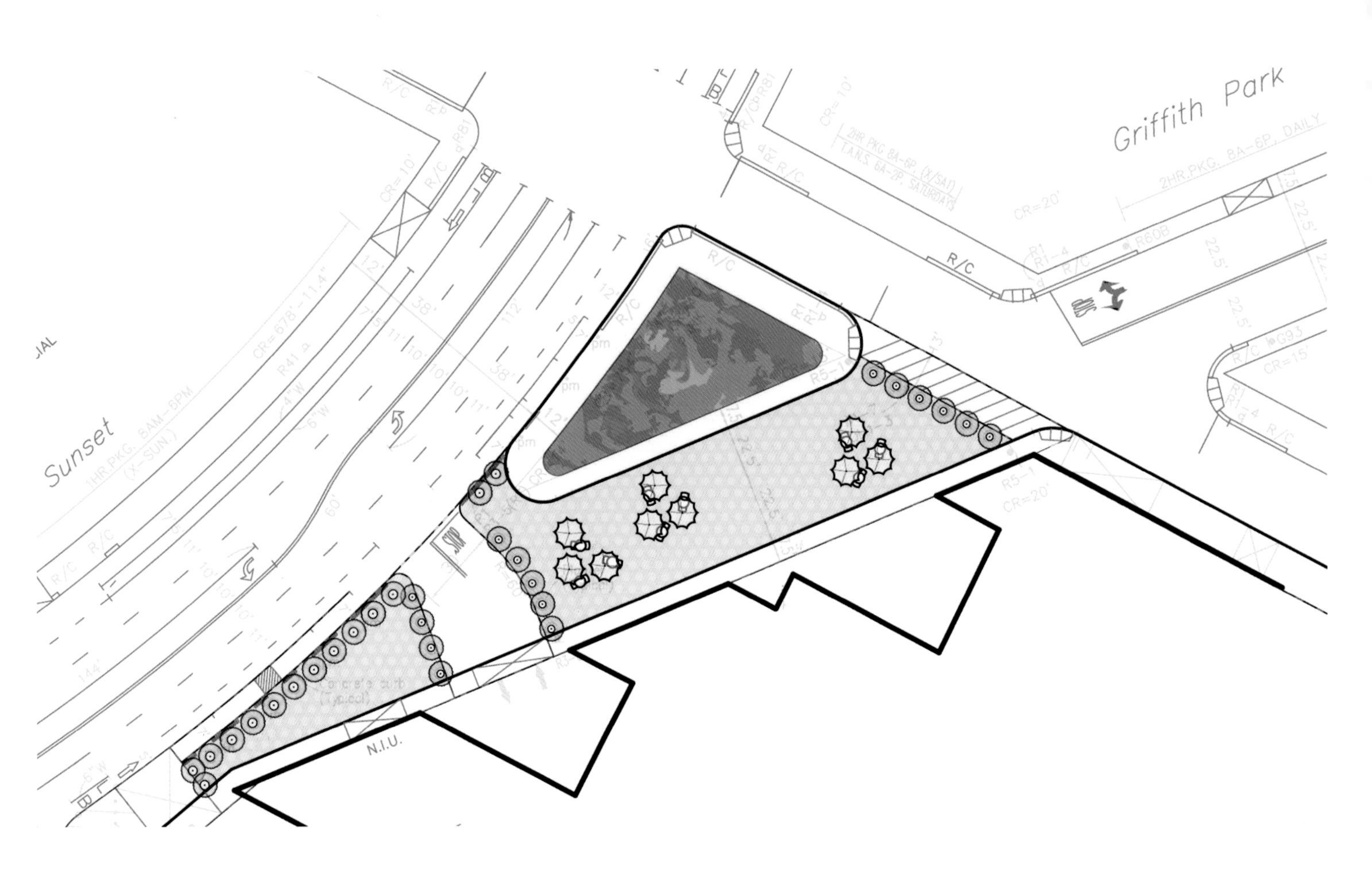

Atelier Loidl
Landschaftsarchitekten

↑ | 带有长椅的克罗伊茨贝格草坪

→ | 舞台，入口通向科技博物馆

三角公园

Park am Gleisdreieck
柏林 Berlin

新公园于 2011 年 9 月开放，是克罗伊茨贝格（Kreuzberg）市中心一个大型城市公园。场地的宽度令人印象深刻，形似抽象的平顶女帽，高出城市水平面 4 米，又结合了铁路曾有的建筑残余，使这儿成为柏林的一个独特所在。放弃所有的装饰创建了一个纯粹的城市空间，这里注重细节，利用感性材料和植被营造出诗意的空间。异常巨大的表面积和明确的设计强调出未开垦的荒地和新引种的植物元素之间的对比。

项目情况

地址：德国柏林，Möckernstraße, Yorckstraße, 10965。**客户**：State of Berlin represented by Grün Berlin GmbH。**完成时间**：2011 年。**建筑面积**：360000 平方米。**主要材料**：彩色混凝土、混凝土和木制长椅、树。

←←丨运动区域，为几种活动提供了空间

←丨运动轨道

↓丨 场地平面

↑ | 夜间照明步道的主要景观效果

光之步道

Promenade of Light

伦敦 London

“光之步道”赢得了建筑基金会在 2002 年发起的建筑竞赛，其初衷是提升商场前的草坪区域，并为老街环状交叉路口的周边环境提出建设性意见。从现有的 21 棵成熟悬铃木和 18 棵新添加的树木可以看出：通过增加更多的树木可以强化步道的存在。石质环形种植池环绕着树木，为它们做了特别的标记。每个环都是不同的，有些大，有些小，还有一些介于中间。这个提议包括了几种照明方式：树叶的背景光、使人和树形成阴影的光、项目铺地上斑驳的光、鲜花和树干的聚光。23 根灯柱，每根灯柱有 6~8 个灯泡，从上方照亮空间。

项目情况

地址：英国伦敦，Old Street。**结构工程师**：Atelier One。**规划合作伙伴**：Gabriel's。**客户**：London Borough of Islington, Transport for London。**完成时间**：2006 年。**建筑面积**：3460 平方米。**主要材料**：花岗岩、钢铁、木长椅。

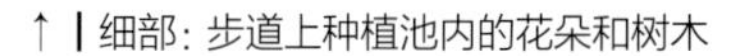

↑ | 细部：步道上种植池内的花朵和树木

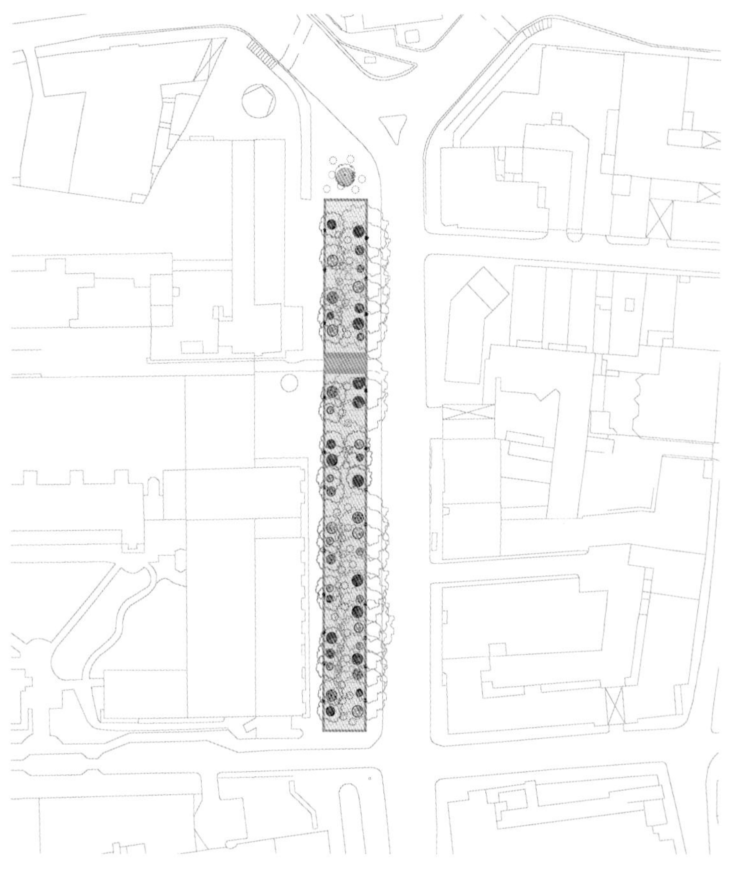

↑ | 场地平面

↓ | 细部：夜间路面铺装与树的阴影

Irene Burkhardt
Landschaftsarchitekten

↑ | 公共通道，通过广场

伦巴赫花园

Lenbach Gardens
慕尼黑 Munich

伦巴赫花园地处中心，临近主要的火车站，毗邻慕尼黑南部历史上的植物园。该地区提供独有的生活和工作空间。洛克福特酒店（Rocco Forte Hotel）在索菲恩大街（Sophienstraße）与卢森大街（Luisenstraße）的拐角处。景观设计以高质量材料的使用和现代设计为特征，雄心勃勃地要在整年都创造出一个令人兴奋的气氛。

项目情况

地址：德国慕尼黑，Quartier Lenbachgärten, 80333。**规划合作伙伴**：Adelheid Gräfin Schönborn Landschaftsarchitekten 2006。**客户**：Frankonia Eurobau GmbH。**完成时间**：2008 年。**建筑面积**：22200 平方米。**主要材料**：葡萄牙花岗岩。

↑ | 广场中心的喷泉

↑ | 内部庭院总平面图

↓ | 入口，花园的大门

↑ | 鸟瞰图：当没有水的时候，“sea”的相关单词将从底部浮现出来

横滨港未来区商业广场

Minato-Mirai Business Square

神奈川 Kanagawa

高层建筑保护城市免受大海的入侵，商业广场周围的城市环境也逐步发展成熟起来。水池存在于海天之间，让人想起城市最初的起源。“sky”（天空）相关的单词显现在水池里，映在水镜面上。等水退去之后，“sea”（大海）相关的单词浮现在水池底部。建筑师的意图是鼓励人们重新思考自己的存在，提醒他们自己的起源——在日本的传说中，人来自大海，但在陆地上长大。

项目情况

地址：日本神奈川 3-6 Minato-Mirai Nishi ward Yokohama city, 220-0012 。**规划合作伙伴**：Mitsubishi Jisho Sekkei。**客户**：Mitsubishi Estate, Tokyo Marine & Nichido Fire Insurance Co. Ltd.。**完成时间**：2004 年。**建筑面积**：3300 平方米。**主要材料**：石头、混凝土。

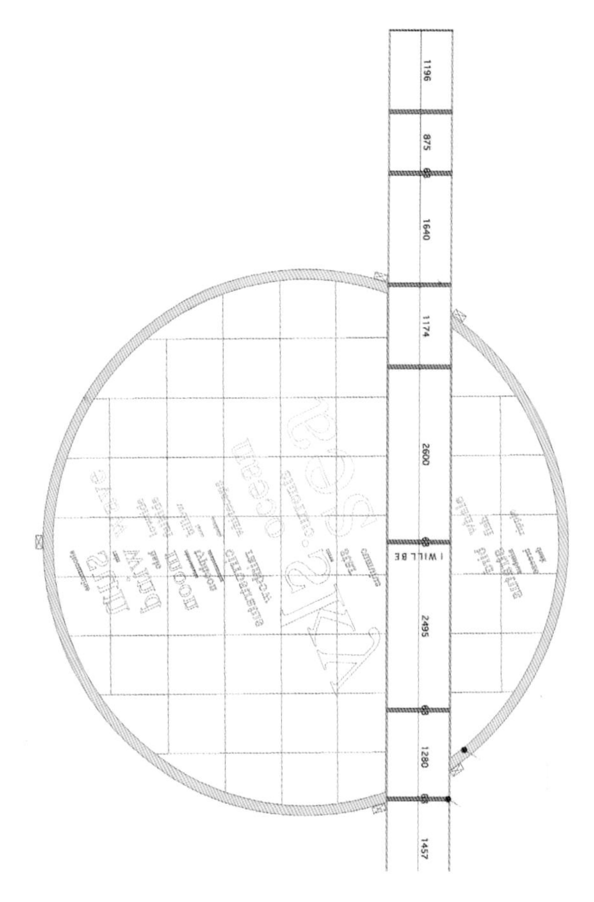

↑ | 细部：游人能把他们的脚浸入喷泉中

↑ | 总平面图

↓ | "sky"的相关单词会映在水镜面上

Westpol
Landschaftsarchitektur

↑ | 黄昏时的鸟瞰效果

莱特森公园的开放空间

Freiraum Leutschenbach
苏黎世 Zurich

莱特森公园是这个项目的关键要素。开满蓝花的小巷、修复的雷德格雷本区（Riedgraben），公园已经在不经意间改造了这个城市的特质。墙体围绕着树木，并整合了座椅元素。栅栏隔开了前面射击场污浊的挡弹墙。此外，草坪把水景和广场连成一片，广场上有游乐区和舞台，这些一起构成了整体效果。一排皂荚树串联起公园的不同区域。“莱特森光”在树木顶端漂浮，展示了莱特森公园地下河流蜿蜒的形式与色彩。

项目情况

地址：瑞士苏黎世，Leutschenbachstrasse, 8050。**照明设计师**：Christopher T. Hunziker。**规划合作伙伴**：Müller Sigrist Architekten。**客户**：Grün Stadt Zurich。**完成时间**：2009 年。建筑面积 :15000 平方米。**主要材料**：沥青、混凝土、草坪。

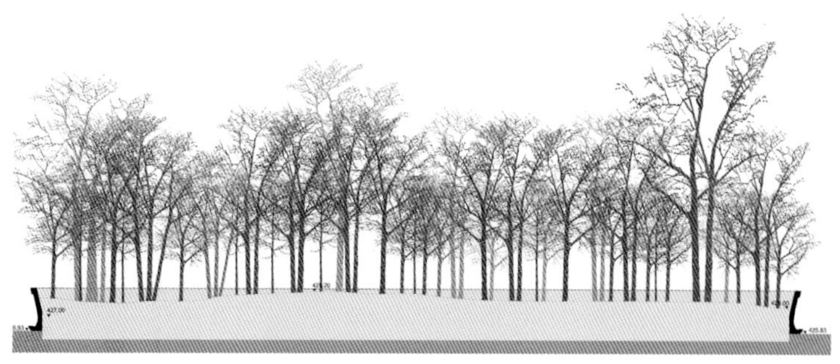

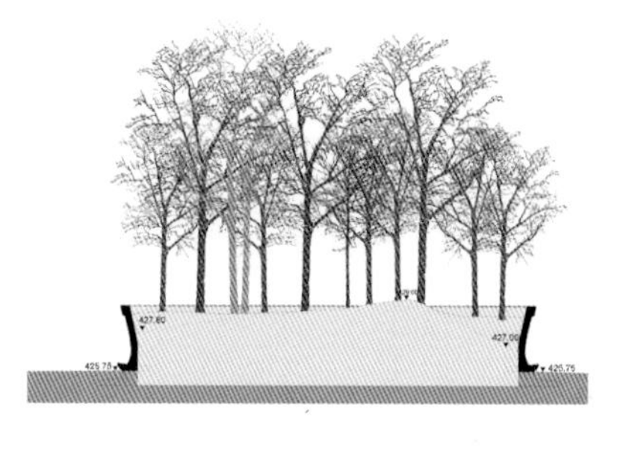

↑ | 水景和绿植

↓ | 游戏岛

↑ | 剖面图

Aspect Studios

↑ | 天使广场：带有解释说明的铺地及公共艺术“被遗忘的歌”

→ | 天使广场：夜晚照明效果

天使广场和阿什街的街道提升改造

Laneway Upgrades Angel Place and Ash Street

悉尼 Sydney

天使广场和阿什街是两个高颜值的公共空间，是悉尼城市巷道复兴策略的一部分，旨在激活悉尼若干具有历史意义的巷道。该项目包括提升街景和照明、街道的扩展、一个新的雨洪系统和特定场地艺术品的整合。修复创造了戏剧性事件发生的场景，为行人通往城市演奏厅（City Recital Hall）、乔治街、马丁广场和阿什街提供了更加安全的道路。公共艺术品“被遗忘的歌”是一个悬挂鸟笼的装置艺术，它使我们回想起历史上曾住在坦克（Tank）河流区域的鸟儿们的鸣叫声。

项目情况

地址：澳大利亚悉尼的天使广场和阿什街。**规划合作伙伴**：Olsson Associates Architects with McGregor Westlake Architecture。**艺术家**：Michael Thomas Hill, Dr Richard Major, Richard Wong and David Towey。**客户**：Municipality of Sydney Council。**完成时间**：2012 年。**建筑面积**：1530 平方米。**主要材料**：混凝土、花岗岩路面、黄铜、不锈钢。

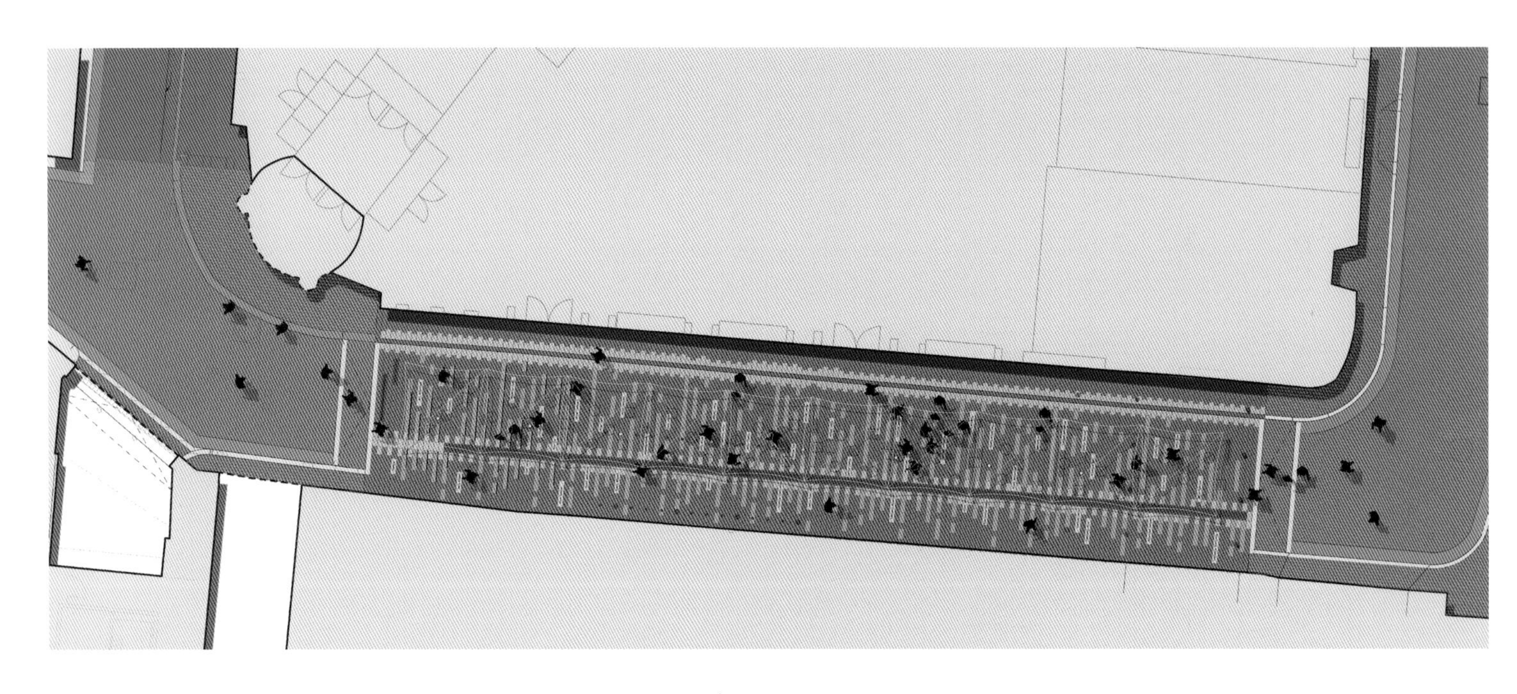

↑ | 总平面图

← | 鸟笼细部

←丨夜晚的街道转角

↓丨公共艺术“被遗忘的歌”细部

faktorgruen
Landschaftsarchitekten

↑ | 长椅的主要景观效果
↘ | 剖面图

威尔城柏林广场

Berliner Platz

莱茵河畔的威尔城 Weil am Rhein

商店、企业和餐馆的引入把里奥普德苏尔赫（Leopoldshöhe）与奥特威尔（Alt-Weil）之间的区域变成了繁华的城市街区。重新设计的目的是加强区域的功能，也为居民创造一个他们喜欢的新的现代设计。项目意图把空间进行统一。柏林广场采用更温和、更亲切的设计，与沿街区域的城市设计形成对比。主要的设计概念是创造一个有欢迎氛围的城市客厅。

项目情况

地址：德国莱茵河畔的威尔城柏林广场。**客户**：Municipality of Weil am Rhein。

完成时间：2012 年。**建筑面积**：11100 平方米。**主要材料**：彩色的塑料材料、混凝土铺路石、种植。

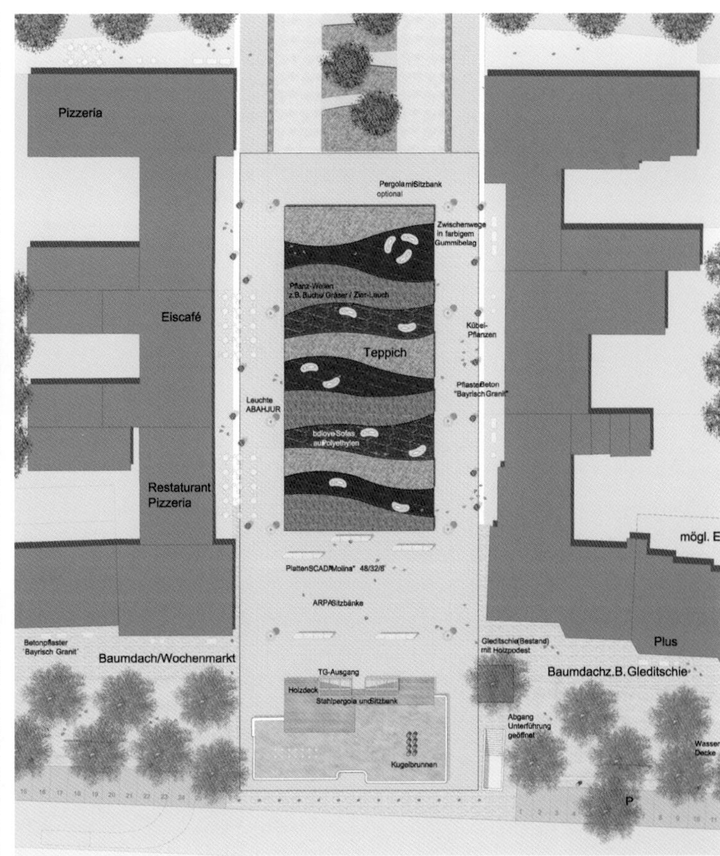

↑ | 喷泉与木甲板

↓ | 柏林广场鸟瞰

↑ | 场地平面

↑ | “时间树”，从根部（种植点）延伸出一些线（地面铺装）

→ | “知识线”把地面一分为二，并指示着富士山的方向

饭田桥广场

Iidabashi Plano

东京 Tokyo

千代田区的富士见町是武士阶层的一个居住区，复旦大名（一个大封建领主）在江户时期就曾在此居住。即使在今天，见附市（Mitsuke）石墙仍然完好地留存在牛达门（北之丸地区的堡垒要塞）。它也是小石川后乐园的所在地，这可以追溯到江户时代初期，追溯到千鸟渊的樱桃林。神乐坂向我们展示了残存的娱乐区，东京曾经以此闻名。这个区域很可能被称为“东京的灵魂”，反映了江户时代的遗迹。“住在富士见町”意味着生活在江户和东京的历史遗迹之上。想要延续这些历史，土地的记忆就要在大规模的重建计划中幸存下来，以确保该地区的新生活延续这个传统。

项目情况

地址：日本东京，2-7-2 Fujimi Chiyoda-ku, 102-0071。**规划合作伙伴**：Yamashita Sekkei, Taisei Corporation。**客户**：Nomura Real Estate Development。**完成时间**：2009 年。**建筑面积**：7810 平方米。**主要材料**：黑色花岗岩。

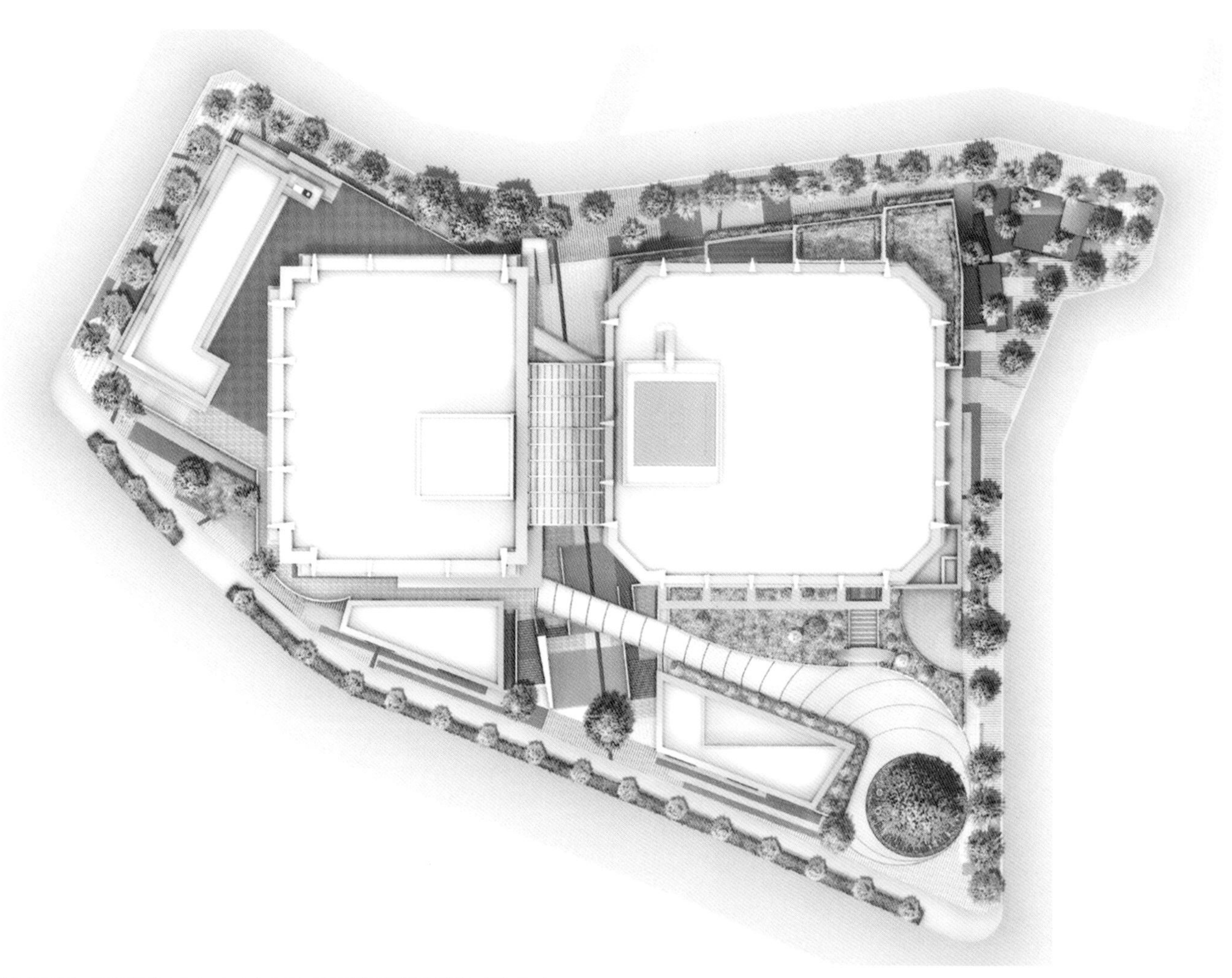

↑ | 场地平面

← | “知识线”起点的种植

←丨“绿色图书馆”，把整个广场看作层叠的书

↓丨“时间树”的根部分支描绘着武士阶层的居住历史

James Corner Field Operations

↑ | 高线公园的开始端

高线公园

The High Line
纽约 New York City

高线公园是高架铁路经过改造形成的一处特别的公共空间，是社区之间的连接器，城市环境绿化的新模式。高线公园跨越了曼哈顿西区 23 个城市街区，与 3 个不同的社区交织在一起。为提升货运交通，20 世纪 30 年代建造了高架铁路，同时拆除了路面上危险频发的铁轨。自 1980 年以来，铁路就没再被使用过，被视为社区中的眼中钉，一直受到拆除的威胁。在那个时候，一个景观改造的机会开始酝酿，激发了一些纽约人的想象力，引发了把它转换成一个公园的想法。作为一个综合体系进行设计，高线公园的种植、小品、铺装、照明和公用设施进行一体化构思建造，在结构本身有限的宽度和深度内携手做工。

项目情况

地址：美国纽约州纽约市。**规划合作伙伴**：Diller Scofidio + Renfro, Piet Oudolf。 **客户**：Friends of the High Line, Municipality of New York。**完成时间**：2011 年。**长度**：2410 米。**主要材料**：预制混凝土。

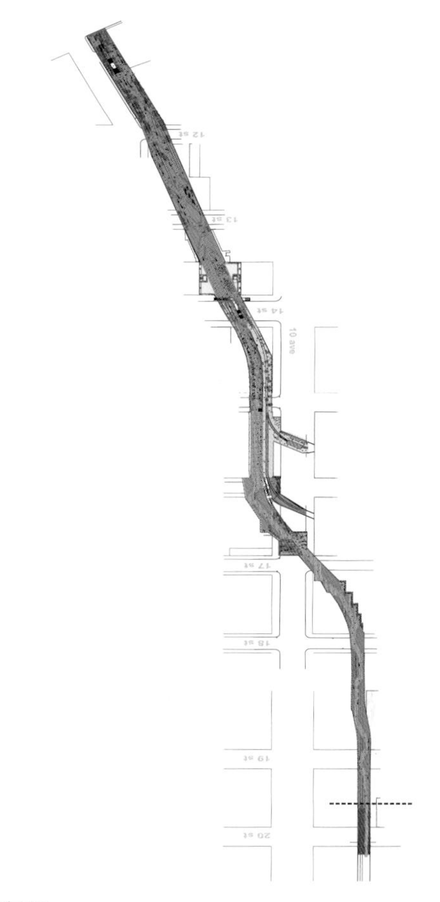

↑ | 鸟瞰图，高线公园在城市中的走向

↑ | 剖面图

↓ | 与环境协调的座椅

Aspect Studios

↑ | 杰森·温设计的装置艺术“两个世界之间”

↘ | 金波巷的概念规划图

中国城公共空间提升改造

Chinatown Public Domain Upgrades

悉尼 Sydney

这个项目的主要目的是希望公共领域更有生气，加强步行者的交流联系，通过改善照明、小品提升街道的生活品质，用相得益彰的公共艺术突显场地的特点。结合了花岗岩和鹅卵石的铺路材料，项目中的街道已经转变为“共享”空间。成熟的树木、灯笼风格的灯箱、定制的小品设施遍及整个场地，重新激活了这些街道。项目位于金波巷（Kimber Lane），这是一条老街巷，现在杰森·温（Jason Wing）的照明艺术作品“两个世界之间”把它重新进行了包装。

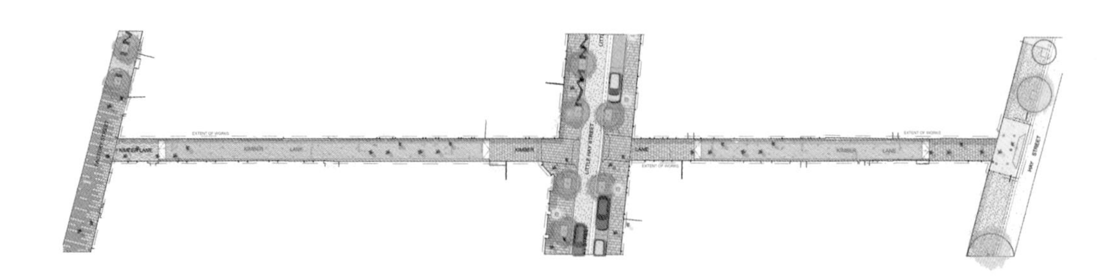

项目情况

地址：澳大利亚悉尼，Little Hay Street, Kimber Lane, Factory Street，2000。**艺术家**：Jason Wing, Peter McGregor。**环境设计**：Deuce Design。**客户**：City of Sydney Council。**完成时间**：2012 年。**建筑面积**：2790 平方米。**主要材料**：铸铁板、木材、粉末涂层钢、花岗岩路面、硅胶模板、蓝色聚碳酸酯、LED 灯。

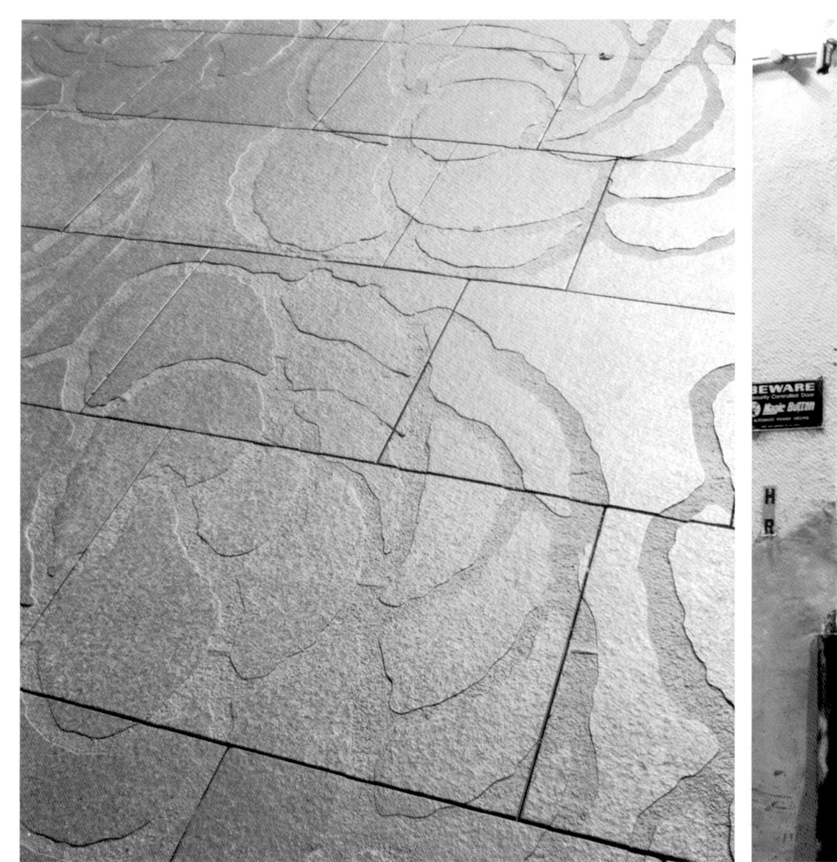

↑ | 细部：蚀刻的花岗岩铺装

↑ | 夜晚的金波巷

↓ | 工厂街的概念规划图

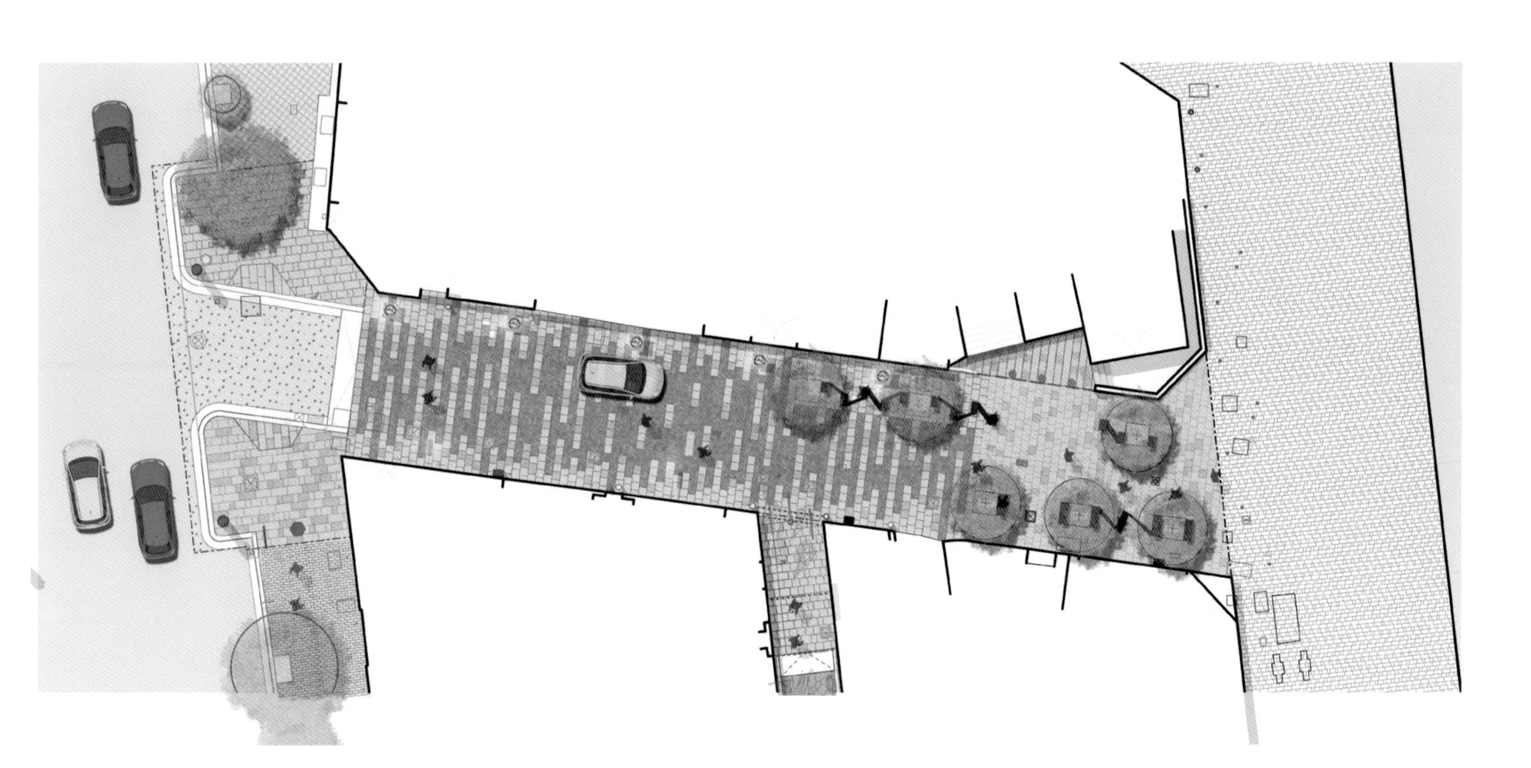

WES LandscapeArchitecture

↑ | 夜晚的环境，大烛台“沙龙”

↓ | 细部与草图

↗ | 大烛台，可以调暗光线，并且有不同颜色的光

→ | 水景，既能引导交通还是地下车库的入口

爱尔福特火车总站外环境

Environment of the Main Station

爱尔福特 Erfurt

这个地中海风格的城市空间极富魅力，使爱尔福特市中心既安静又生机勃勃。铺装道路的釉面让人联想起拼花地板，由 3 个现代感十足的大吊灯进行照明，还有一个同样极富现代感的大舞台。火车站周围所有的城市空间都考虑了人的尺度。前院，汽车站和南边的班霍夫大街（Bahnhofstraße）都天衣无缝地纳入城市景观中。这个具有独特气质的诱人空间，在新旧之间形成了一种张力。

项目情况

地址：德国爱尔福特，Willy-Brandt-Platz 12, 99084。**规划合作伙伴**：Gössler Architekten BDA。

客户：Landeshauptstadt Erfurt, Tiefbauamt EVAG。**完成时间**：2009 年。**建筑面积**：19500 平方米。

↑ | 草图：广场上地下车库的入口

← | 夜晚，维利勃兰特广场（Willy-Brandt-Platz）东区

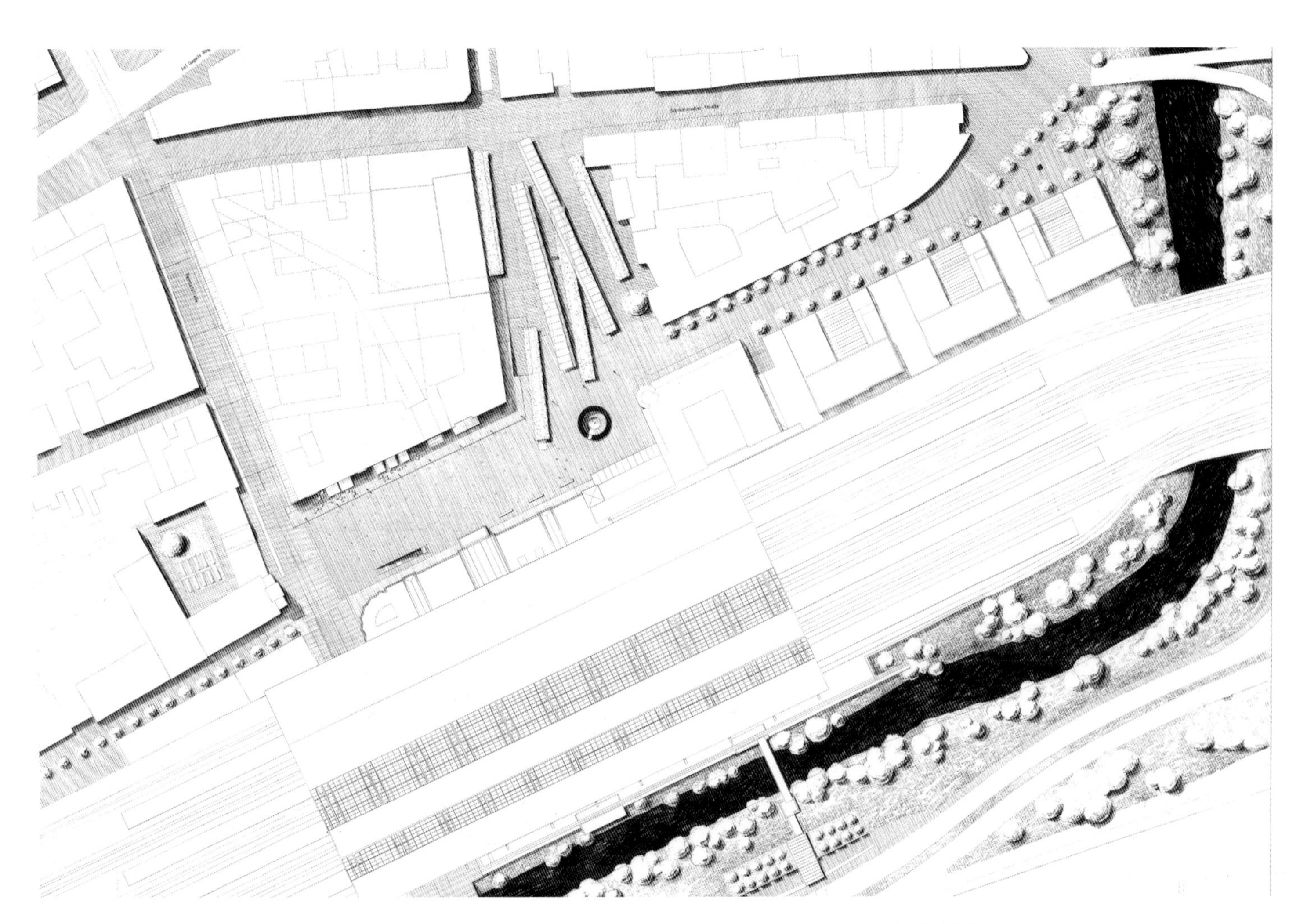

↑ | 场地平面

← | 从公交车站（Gössler 建筑师事务所设计）看维利勃兰特广场东区的景观效果

Bauer Landschaftsarchitekten

↑ | 台阶

↘ | 台阶轴测图

海尔布隆城市步行街

Pedestrian Area in City

海尔布隆 Heilbronn

场地上南北轴线的历史重要性得到了重新定义，现有的可识别特质得到了强化，这些都有助于我们认识和统一这块场地。排水沟渠的位置将区域进行了划分，花岗岩材料的统一使用和对比性的配色方案加强了布局安排。保留了已有的槭树，空间的边缘安置了座位，区域弥漫着一种真正的都市氛围。

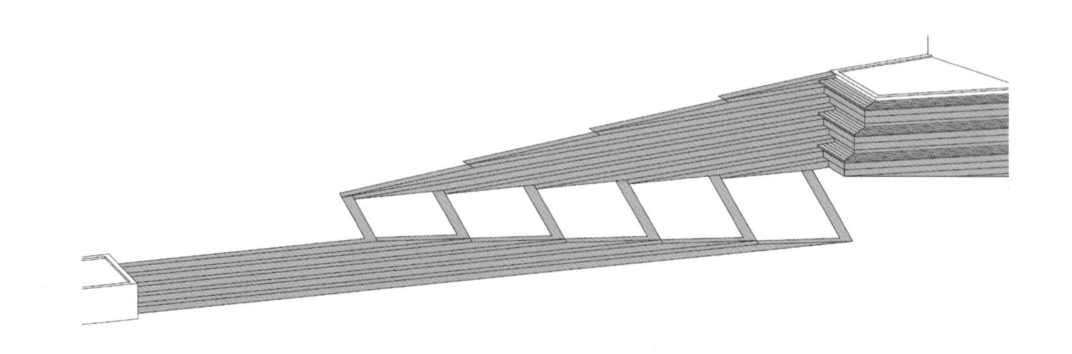

项目情况

地址：德国海尔布隆市中心。**客户**：Municipality of Heilbronn。**完成时间**：2010 年。**建筑面积**：36500 平方米。**主要材料**：混凝土、花岗岩。

↑ | 树木的色彩：木地板上的橡树

↑ | 细部：广场上的铺地与种植

↓ | 场地平面

Rainer Schmidt
Landschaftsarchitekten

↑ | 鸟瞰图：和谐的铺装与绿化

巴伐利亚国家博物馆前广场

Forecourt of Bayerisches Nationalmuseum

慕尼黑 Munich

巴伐利亚国家博物馆前广场的新设计重新展现了这样的设计理念：一个低姿态的广场，需要重新考虑传统的设计手法，并用现代的方式解读出来。不采用观赏植物和曲线形状，使广场有一个明确的直线性和几何学的关系。有意识地将斜坡整合进场地，改变游客的感知和创造一种新的体验。作为一个重要的设计元素，前广场要兼具审美和功能要求，为来访者提供一处休闲区域，赋予空间活力与生机。

项目情况

地址：德国慕尼黑，Prinzregentenstraße 3, 80538。**客户**：Bayerisches Nationalmuseum, State of Bavaria。**完成时间**:2005 年。**建筑面积**：3800 平方米。**主要材料**：天然石材、树篱、草、树。

↑ | 博物馆入口

↓ | 总平面图

↑ | 细部：树篱与草坪

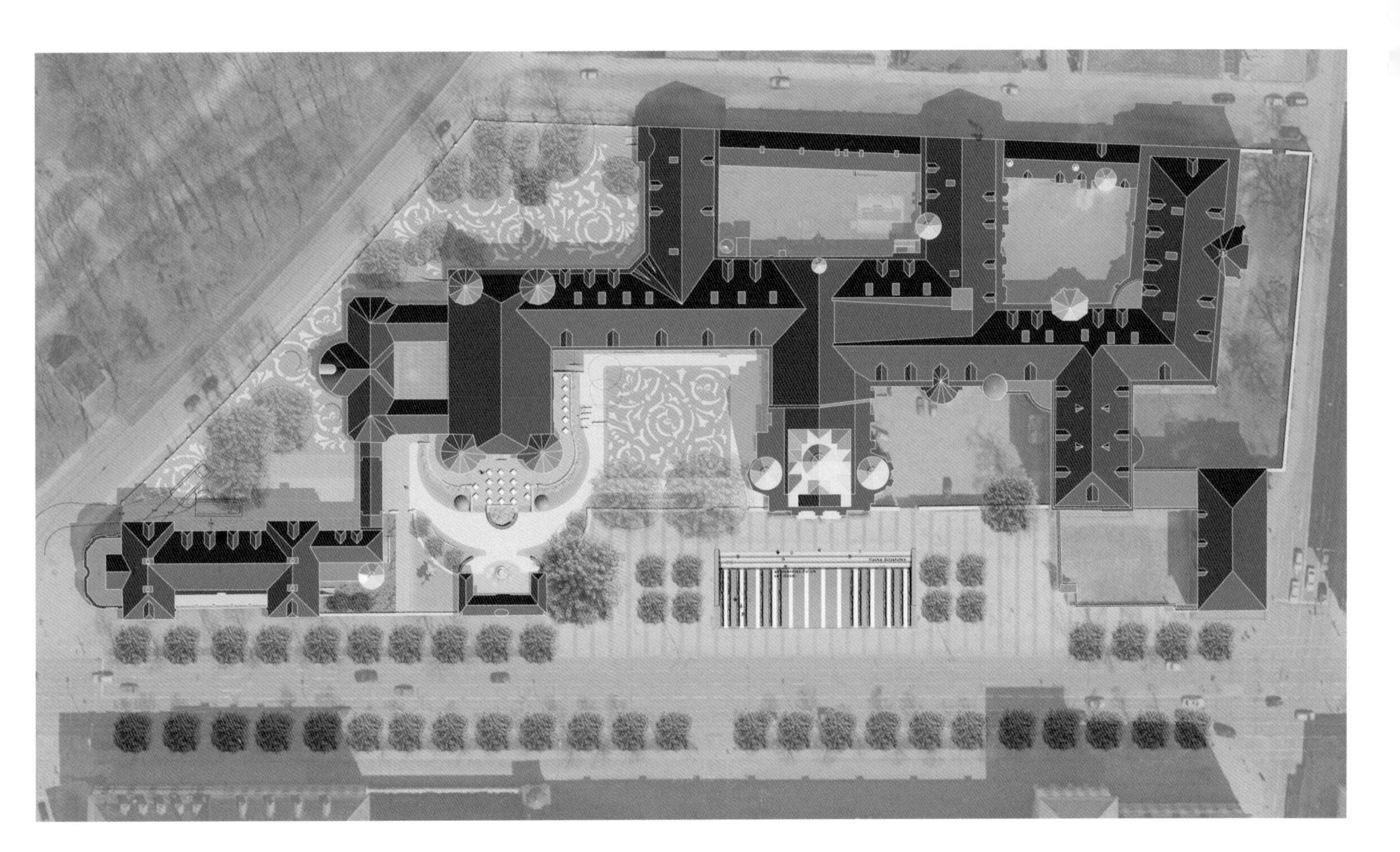

VDLA–Vladimir Djurovic Landscape Architecture

↑ | 鸟瞰图
↓ | 剖面图

哈里里纪念花园

Hariri Memorial Garden

贝鲁特 Beirut

哈里里纪念花园位于山上的“大房子”(政府总部)前面，那里是通向城市中心的主要门户之一，纪念花园的建造是为了向黎巴嫩前总理表达敬意，他在 2005 年 2 月 14 日惨遭暗杀。拉菲克·哈里里（Rafic Hariri）被人们所记住不仅仅是因为他是复杂政治舞台上的中心人物，而且也因为他发起了历史上最雄心勃勃的建设项目，重建了贝鲁特饱受战争蹂躏的历史上著名的商业中心。项目的目的是创建一个能反映这一历史人物价值观的地方，颂扬他的愿景和成就，使人们对他的记忆长存。

项目情况

地址：黎巴嫩贝鲁特，Beirut Central District。**客户**：Solidere。**完成时间**：2009 年。**建筑面积**：2400 平方米。**主要材料**：花岗岩、黄铜、古式涂料。

↑ | 水景细部

↓ | 场地平面

↑ | 水景与周围环境相融合

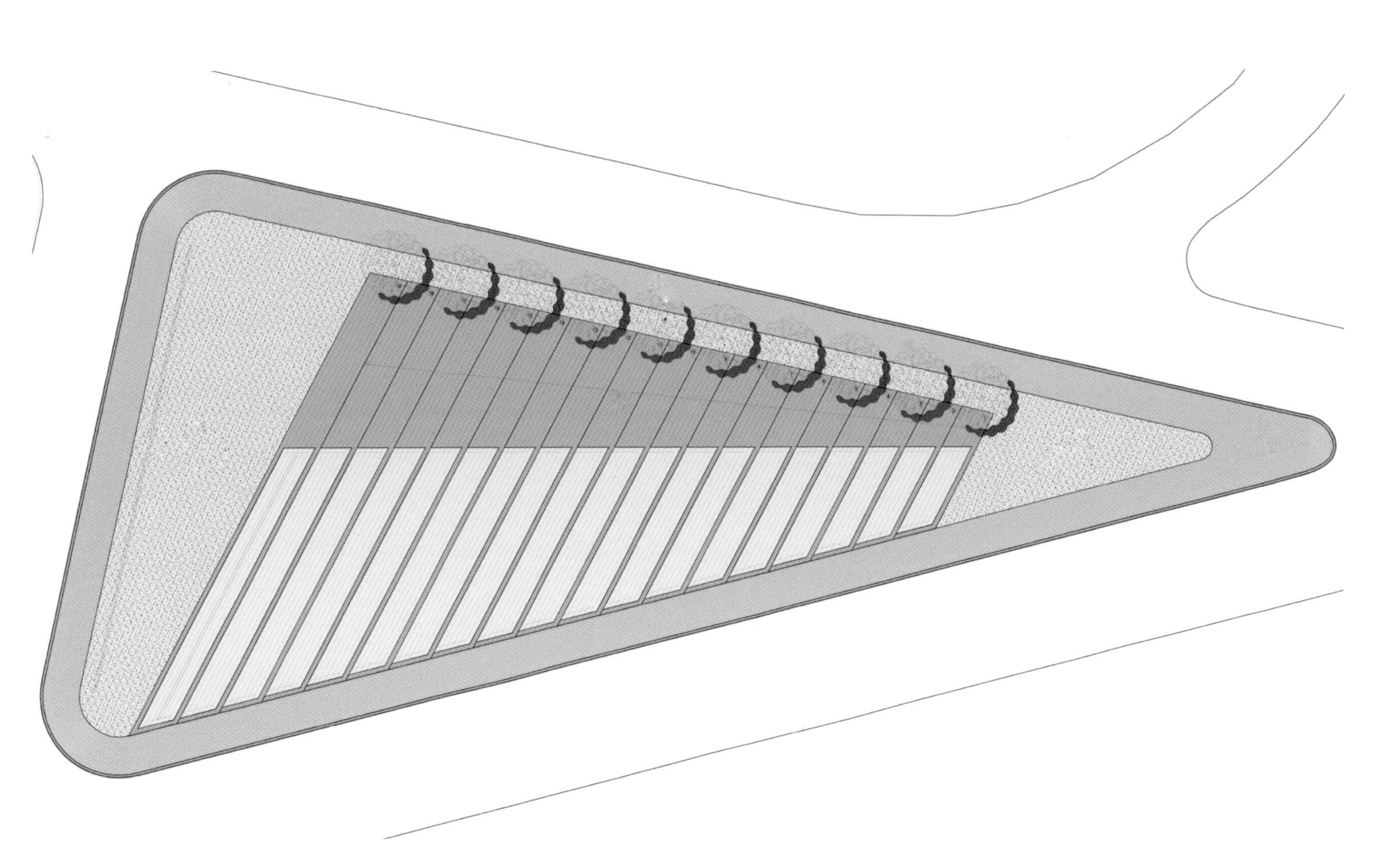

Westpol
Landschaftsarchitektur

↑ | 座椅岛和喷泉

沃格森广场

Vogesenplatz

巴塞尔 Basel

沃格森广场已经变成一个新的社交约会场所，它延伸至新建的沃尔塔森特鲁（Volta Zentrum）商住建筑、有轨电车车站和圣约翰火车站。整个城市区域已被重新设计成一个平坦的同类型区域，天然石材的亮带划分出交通领域，独立的座位和休闲群岛仿佛在邀请游客过来放松一下，坐在太阳下聊聊天。一个与众不同的照明概念界定出空间，创造了一个统一的城市空间。

项目情况

地址：瑞士巴塞尔，Vogesenplatz, 4056。**规划合作伙伴**：Buchner Bründler Architekten。**照明设计**：d'lite Lichtdesign。**客户**：Tiefbauamt Basel Stadt。**完成时间**：2009 年。**建筑面积**：15000 平方米。**主要材料**：沥青、混凝土、树、花岗岩、钢铁。

↑ | 通向"琉森环"（Luzern ring）的楼梯

↑ | 场地平面

↓ | 沃格森大街鸟瞰图

kessler.krämer
Landschaftsarchitekten

↑ | Flensburg Holm：清晰的结构与天然石材的色彩造就了这个区域
→ | 步行街，能看到圣母教堂（Marienkirche）

弗伦斯堡城市步行街

Pedestrian Area

弗伦斯堡 Flensburg

沿主街道简洁的立面线条吸引了人们对弗伦斯堡步行街明显的都市特质的关注。每天，温柔的曲线引导着数以千计的人穿过老城区。2008 年这个开放空间的再设计自然而然地符合了城市的审美。主要的元素是红灰色花岗岩的铺装，覆盖了整个街道区域。功能化的照明和小品设施有助于提升优雅的整体景观。

项目情况

地址：德国弗伦斯堡，Holm/Grose Straβe, 24937。**客户**：PACT Flensburg。**完成时间**：2009 年。
建筑面积：13,0000 平方米。**主要材料**：山东花岗岩。

↑ | 细部：弗伦斯堡步行街设置了盲道

← | 场地平面

↑ | 细部：树池提供了休息空间

↙ | Helligandskirken 教堂前的街道种植池

↓ | 教堂入口

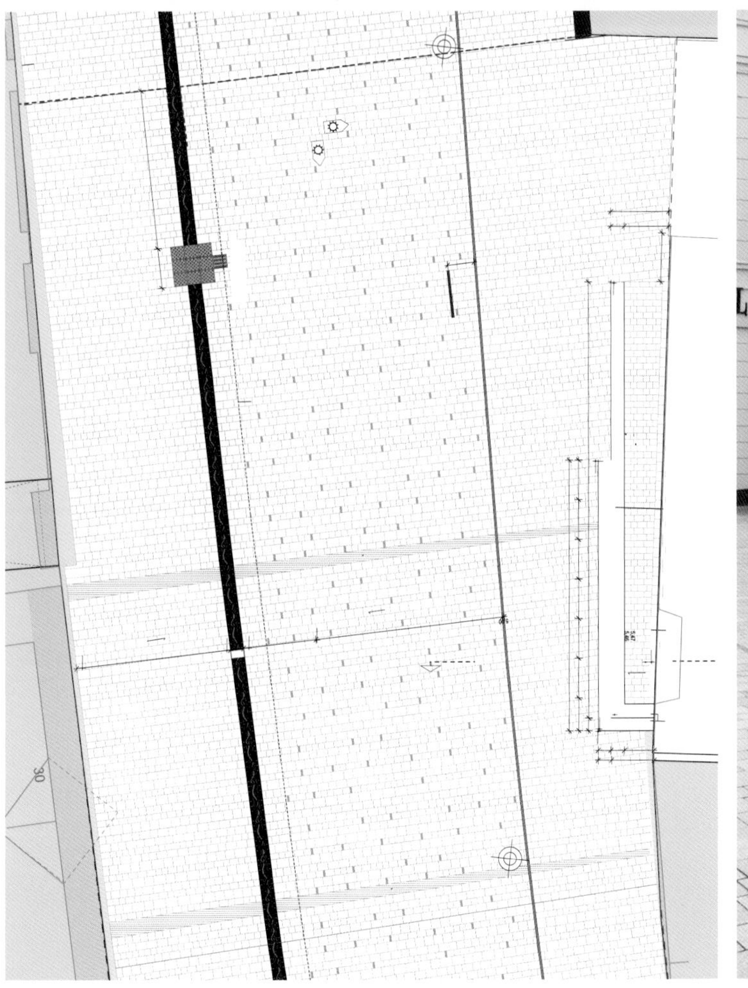

RMP Stephan Lenzen
Landschaftsarchitekten

↑ | 德意志之角及其周边环境
↗ | 从德意志之角望去的莱茵河散步道
→ | 细部：莱茵河边的台阶

康拉德 - 阿登纳 - 尤福尔的莱茵大道

Rhine Promenade Konrad-Adenauer-Ufer
科布伦茨 Koblenz

沿着莱茵河岸新设计的散步道再次吸引了公众的关注。这里曾经是中产阶级喜爱的林荫大道，之后作为交通和装卸货物的场地，今天则成为一处旅游目的地。这个设计顺利结合了不同功能的使用。散步道被分为三个部分：上部面对着城市，包含交通路线；中部的特点是在安静区域新种植了成排的树木，航运码头有一些功能性的建筑；下部靠近河流，是为行人保留的漫步廊道。散步道最具特色的一部分是“莱茵台阶”，它提供了直接接触河流的机会。

项目情况

地址：德国科布伦茨，Konrad-Adenauer-Ufer, 56068。**规划合作伙伴**：von Canal Architekten &Ingenieure。**客户**：BUGA Koblenz 2011 GmbH。**完成时间**：2011 年。**建筑面积**：61000 平方米。**主要材料**：杂砂岩、大型混凝土组件。

↑ | 场地平面：科布伦茨城堡与德意志之角之间的莱茵河散步道

← | 康拉德－阿登纳－尤福尔的河道景观

←｜鸟瞰图：科布伦茨城堡与人行散步道

↓｜鸟瞰图：人行散步道与电车站

LC + ABIS architecture

↑ | 露天剧场

↗ | 放松舒缓区

→ | 孩子们的花园，运动场

加拿大公园

Cañadas Park

普利艾格 Pliego

这个项目位于普利艾格的最高点，在村庄和雪乐山（Sierra）西班牙国家公园之间。它由两个阶地状的山谷组成。这两个山谷环绕一个小土丘，看上去似乎在逐渐城市化，以山谷为背景创造了一个欣赏村庄的美丽视线。利用场地自然的阶地，几何学的二重性允许建筑师施行一个文化活动和体育运动兼顾的双规划。这个公园曾经是一个被清空的、缺乏生机的地方，通过普利艾格市民和游客的使用得以恢复。简而言之，这个新空间提供了休闲活动的场所，并鼓励人们建立人际关系，这在过去是没有的。

项目情况

地址：西班牙普利艾格，Las Cañadas。**客户**：Municipality of Pliego, Ministries of Public Works and Planning, Ministry of Presidency and Public Administration of the Region of Murcia。**完成时间**：2010 年。**建筑面积**：21700 平方米。**主要材料**：安达卢西亚的金色沙子、柯尔顿钢铁、巨大的石头、木头。

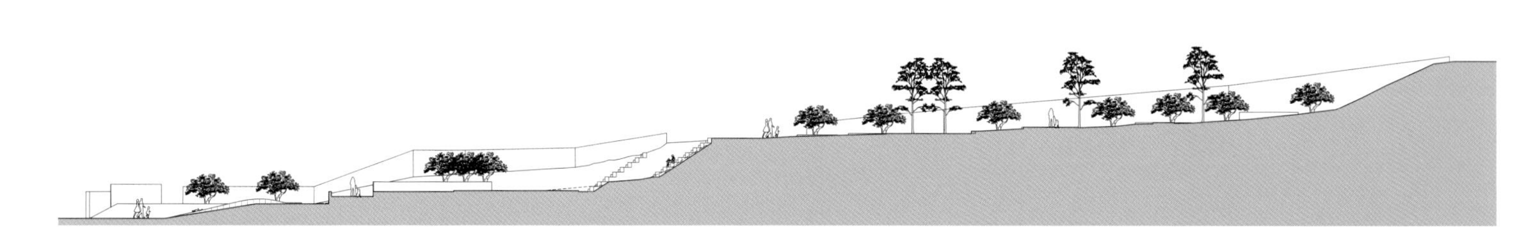

↑ | 剖面图：孩子们的花园和运动场

← | 芳香植物区景观

←丨材料细部

↓丨总平面图

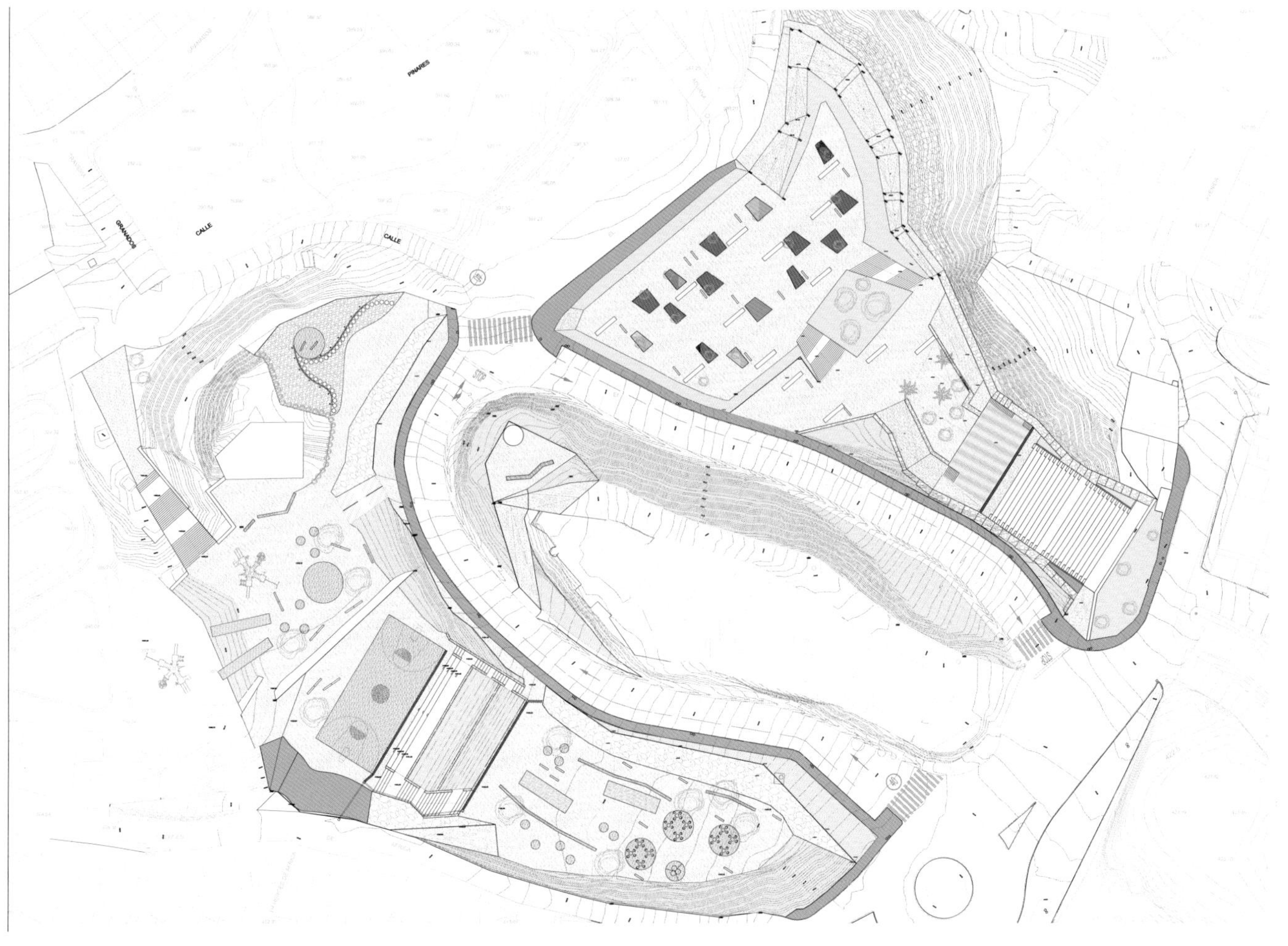

Ilex – Landscape Architects & Urban Design

↑ | 夜晚的前广场

↓ | 剖面图

圣查尔斯车站前广场

Front Square of St. Charles Station

马赛 Marseille

圣查尔斯车站是马赛的主要基础设施之一，它的位置优势通过最近新建的一个纪念碑式的广场又有所加强，提升了它的规模和功能。设计必须考虑大量功能性的限制条件，这些都不可避免地与项目相关联，但这并没能阻止空间按照人的尺度进行建造。植被已经重新种植到有点荒芜的城市景观中，休息空间伴随着喷泉汩汩作响，给观赏这个城市提供了有利位置。该项目均匀地使用了当地的石灰石，为这个以流动性为特征的空间赋予了节制、优雅和可识别性的特点。

项目情况

地址：法国马赛，Esplanade St. Charles Square de Narvik, 13001。**规划合伙人**：MA Studio。**客户**：Euroméditerranée。**完成时间**：2009 年。**建筑面积**：18000 平方米。**主要材料**：石灰岩。

↑ | 从建筑内望出去的广场和周边街道

↓ | 广场由许多台阶与种植组成

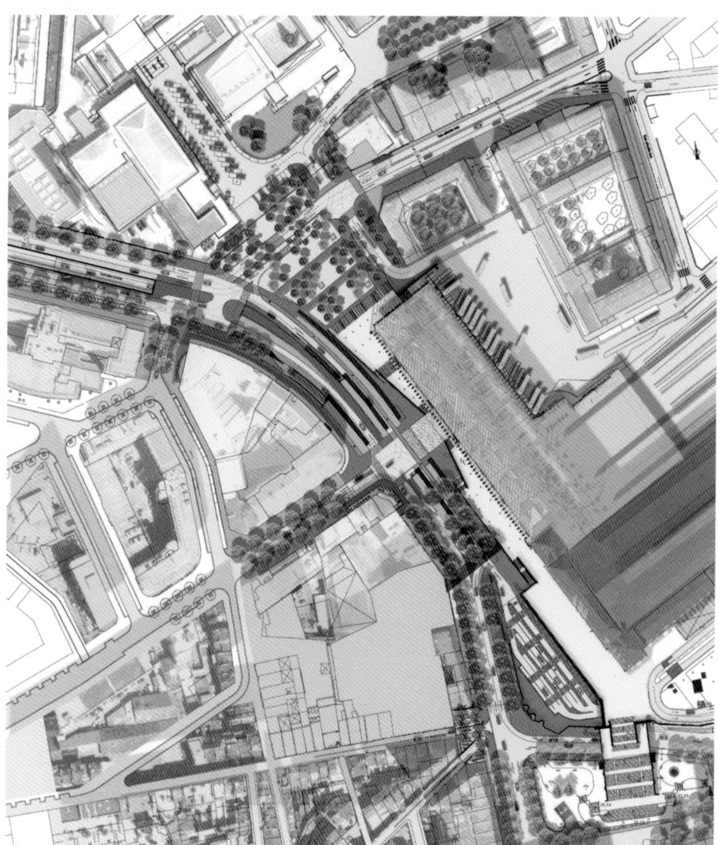

↑ | 场地平面

GDU - Grupo de Diseño Urbano

↑ | 柱子赋予公园港口的氛围

焦点公园

Union Point Park
奥克兰 Oakland

焦点公园是厄尔巴诺设计公司（GDU）在美国的第一个项目，它建在一个36400平方米的场地上，那儿曾经是城市的工业区。公园服务于附近的弗鲁特韦尔（Fruitvale）和圣安东尼奥（San Antonio）社区——城市中儿童最密集的地区，亟需休闲开放空间。它为公众去奥克兰河口提供了通道，并最终与旧金山海湾路相连，被设计成整个海湾环路。总体规划拟建一条海岸线小路，一系列的土丘既最大限度地拓宽视野，又似一个避风港，在交通上也提供庇护，创建了公园的活动区域。公共艺术装置则帮助人们去理解公园、文化和自然的特质。

项目情况

地址：美国加利福尼亚州奥克兰市。**规划合作伙伴**：Patillo and Garret Associates。**客户**：Unity Council, Municipality of Oakland。**完成时间**：2005 年。**建筑面积**：36000 平方米。

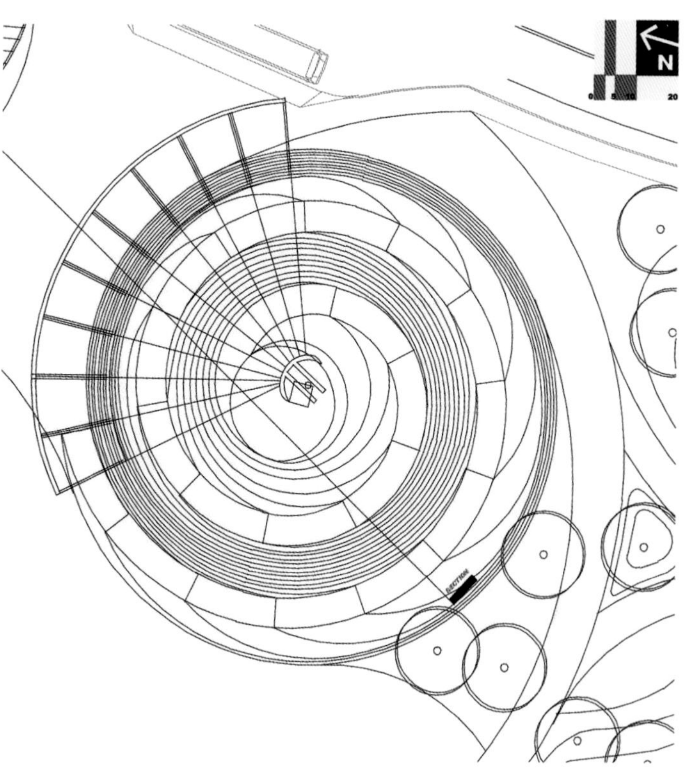

↑ | 公园内的海港

↓ | 游乐场给孩子们提供了玩耍空间

↑ | 场地平面

Next Architects

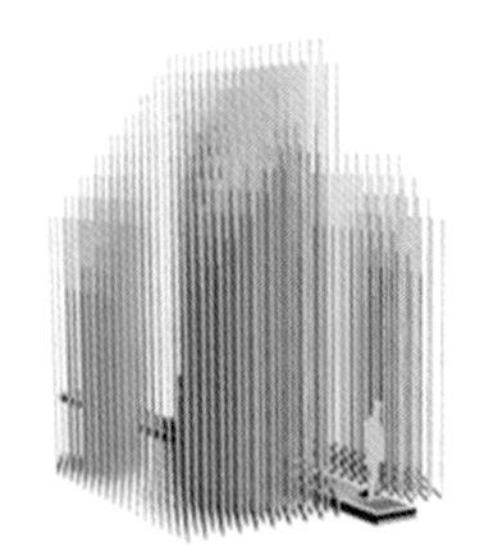

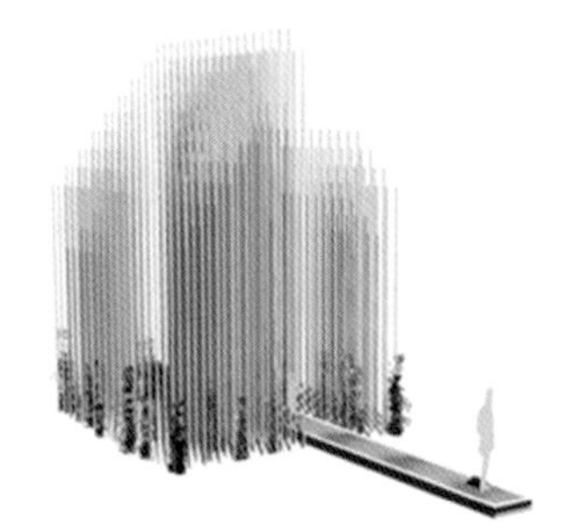

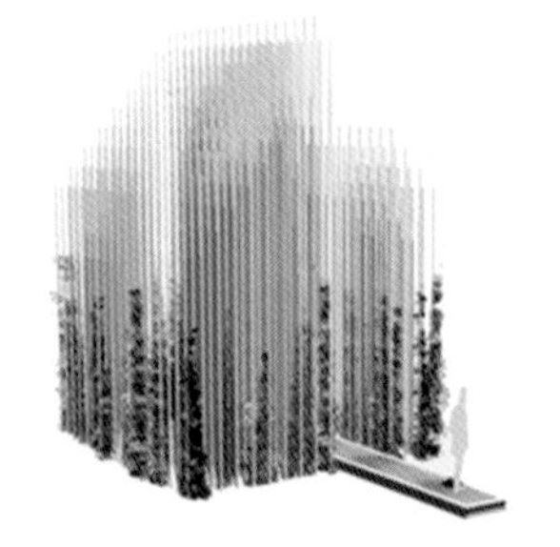

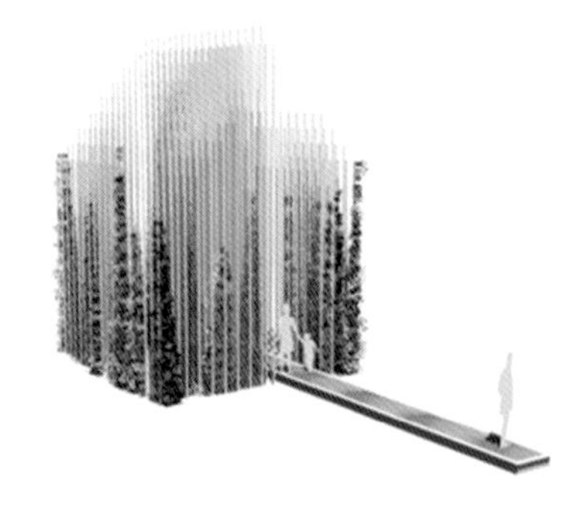

生长纪念碑

Growth Monument

蒂尔堡 Tilburg

↖↖ | 生长纪念碑细部

↑↑ | 生长纪念碑的形式来自它周边的工业建筑

↑ | 生长规划赋予了纪念碑自然的动态变化

生长纪念碑是一个隐喻性的活的纪念碑，它的设计源于其所在的场地——蒂尔堡纺织博物馆附近。设计师们迫切希望用有生命的材料创建一个真实的、活生生的纪念碑。纪念碑的生长使我们看到了自然的动态。纪念碑没有庞大的体量，只有一个透明、开放的结构。生长纪念碑旨在过去、现在与未来之间制造一种明确的、可见的场地关系。

项目情况

地址：荷兰蒂尔堡，Goirkestraat 96, 5046 GN。**客户**：蒂 Municipality of Tilburg。**完成时间**：2009 年。**建筑面积**：30 平方米。**主要材料**：玻璃纤维。

↑↑ | 建造中的赫莫兹广场

↗↗ | 主要景观效果

↑ | 广场与周边环境的鸟瞰图

↗ | 剖面图

赫莫兹广场

Hermods Plats

马尔默 Malmö

赫莫兹广场是一个社区广场，其形成源于场地的运动模式、地质历史和周围的建筑特质。灵感来自周边环境中发现的断片化燧石，场地的空间布置设定为一系列的“房间”。这些被称为“碎片”的“房间”把各种各样的人流组织起来，并且给人们在广场上提供一系列的社交机会。

项目情况

地址：瑞典马尔默，Klagshamn。**客户**：Municipality of Malmö。**完成时间**：2012 年。**建筑面积**：3600 平方米。**主要材料**：混凝土、燧石、草、单面处理过的铺装。

Roberto Ercilla and Miguel Angel Campo

↑ | 坡道外部的主要景观效果
↓ | 剖面图

维多利亚旧城中心的电动坡道

Electric Ramps at the Old Center

维多利亚 Vitoria-Gasteiz

这个项目源于维多利亚市组织的一次竞赛，设计师经过深思熟虑后决定设计成隐蔽的机械坡道，其中有 4 个部分在坎顿德拉索莱达（Cantón de la Soledad），3 个部分在坎顿圣弗朗西斯科哈维尔（Cantón de San Francisco Javier）。这个设计隐蔽了坡道，改善其功能。坡道覆盖物外观是复杂的三维体，设计构思简洁，由一些均等的构件组成，每一部分都独特而无可取代。不锈钢基础和玻璃廊构成了一个画面，似乎像通过一个虚拟轴旋转运动，在电影中拍摄出一系列特写。

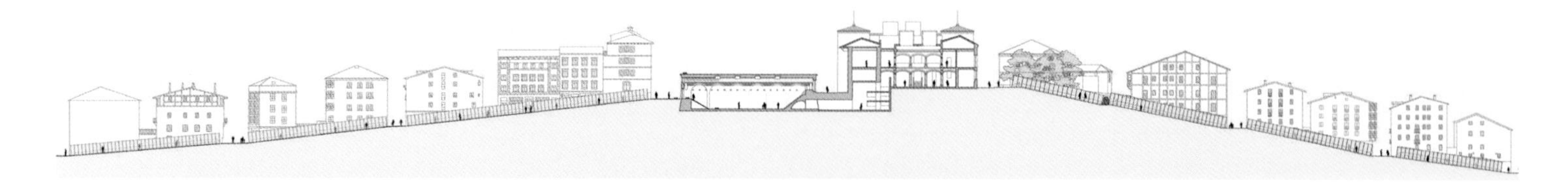

项目情况

地址：西班牙维多利亚，Cantón de la Soledad, Cantón San Francisco Javier。**客户**：Municipality of Vitoria-Gasteiz。**完成时间**：2007 年。**主要材料**：钢铁、玻璃。

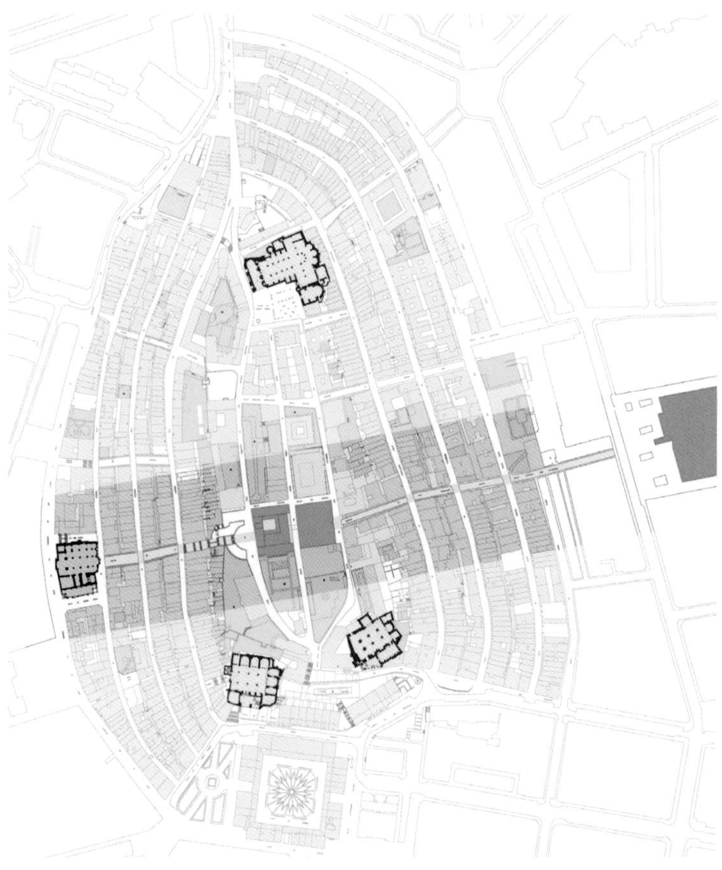

↑ | 坡道内的移动步道

↓ | 电梯更易于沿着街道向下移动

↑ | 场地平面

Andreas Schön, Matthias Berthold

↑ | 阿勒莫赫墙
↓ | 细部和配色方案

阿勒莫赫墙

Allermöhe Wall

汉堡 Hamburg

这个项目的概念是基于艺术家对一个问题的兴趣——当暴力行为的焦点指向人格、情绪、创造力和当地的人脉关系时，暴力是否可以被抑制或阻止。为了回答这个问题，艺术家们决定用单个被设计的瓷砖替换已损坏的玻璃嵌板。当地居民被邀请捐赠出与主题相关的画作、图纸、照片和文字，主题是“我喜欢什么或是我爱谁”。通过便于居民参加的一些技术方法，把这些主题相关物都转移到瓷砖上。当地居民个人情感的分享创造了一个令人兴奋的、动态的城市空间。

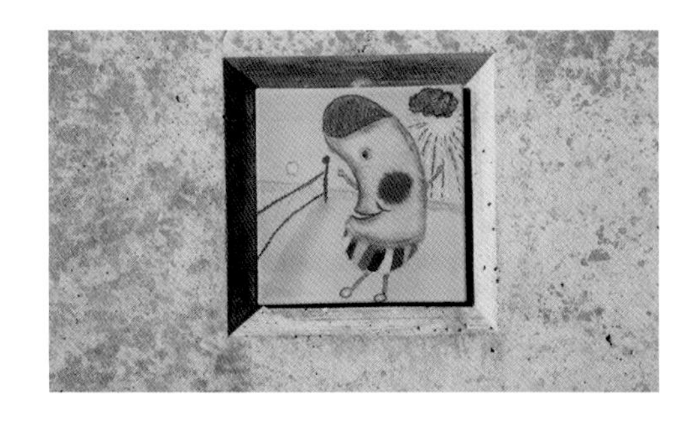

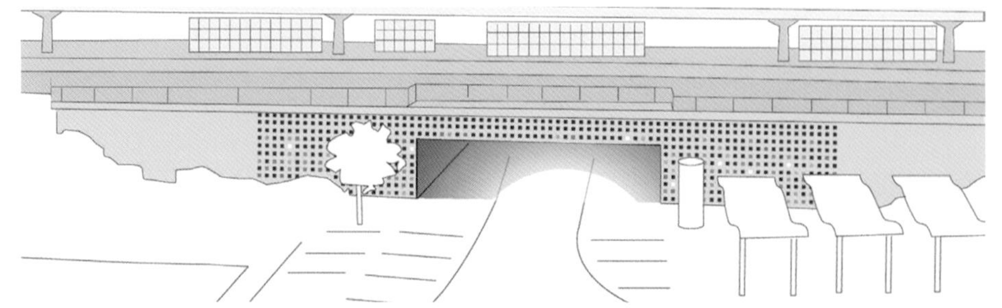

项目情况

地址：德国汉堡，Fleetplatz 1a, 21035 。**客户**：KOKUS Kommunikations- und Kunstverein Allermöhe e.V。**完成时间**：2007 年。**建筑面积**：64 平方米。**主要材料**：陶瓷照相贴花釉技术。

↑ | 开幕当天，人们揭开各自用陶瓷照相法制造的图片

↑ | 陶瓷照片细部

↓ | 阿勒莫赫车站

↑ | 广场与水景的夜间照明
↗ | 场地平面
→ | 主要景观效果：广场与周围建筑

西班牙花园广场

Plaza de España
圣克鲁斯 Santa Cruz

如今的西班牙花园广场和穆勒德恩莱斯（Muelle de Enlace）货运码头都已经被填筑改造，成为大西洋沿岸的一片开垦地，这花费不菲且需要大量的材料。未来任何建造基本上都是一个额外的表层，一个叠加在废弃物之上的新建层。新构筑物和城市中其他地方的传统建筑是不一样的，更确切地说，它是一种景观或地形，从现有的天际线脱颖而出。在填海土地上建造新的建筑必然在表达方式上会有所不同，区别于其他在大陆本土已经成长和发展起来的城市中的建造。

项目情况

地址：西班牙 Santa Cruz de Tenerife 的西班牙花园广场。**客户**：Cabildo Insular de Tenerife。**完成时间**：2008 年。**建筑面积**：38000 平方米。**主要材料**：黑色的玄武岩、黄色阿尔贝罗泥土、白色大理石、水。

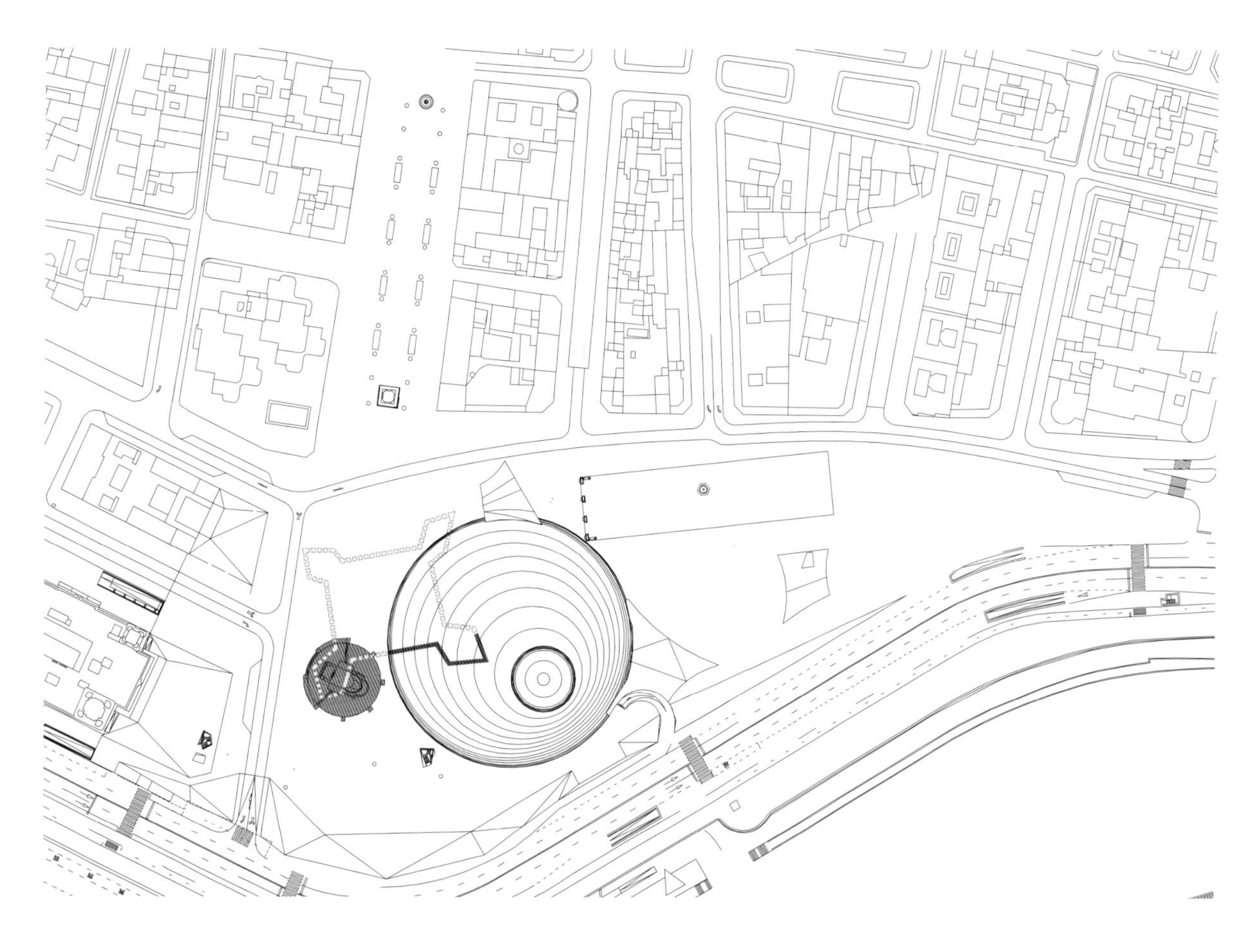

7N Architects,
rankinfraser landscape
architecture

↑ | “凤凰花”主要景观效果
↓ | 剖面图

凤凰花

Phoenix Flowers
格拉斯哥 Glasgow

“凤凰花”是一个公共空间，为步行者和骑行者连接沟通了北格拉斯哥到城市中心，修复了因 19 世纪 60 年代建设 M8 高速公路所切断的路线。现有的地下通道是一个充满敌意的环境：黑暗、吵闹、令人生畏。这个项目为行人和骑自行车的人争取到了改造城市地域的机会。新的公共领域扩大了空间，增加了一层流动的红色树脂表皮，对单一的对抗性路线也不设限。色彩鲜艳的铝制“花朵”提供场地照明，同时引导来访者的通行路线，有意与坚硬的混凝土高速公路结构形成对比。

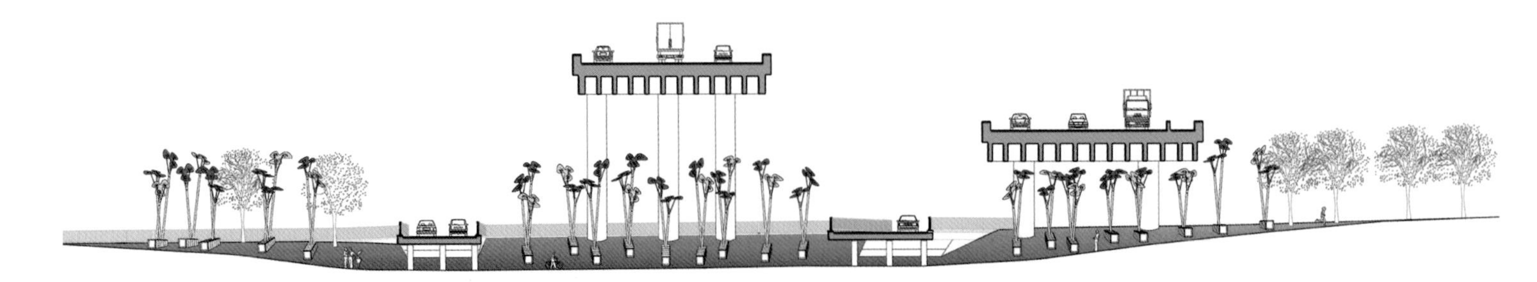

项目情况

地址：英国格拉斯哥市，Garscube Link, Garscube Road。**客户**：Glasgow Canal Regeneration Partnership。**完成时间**：2010 年。**建筑面积**：4000 平方米。**主要材料**：粉末涂层铝、花朵、花岗岩面板底座、树脂砾石、柯尔顿钢铁、石笼阶地。

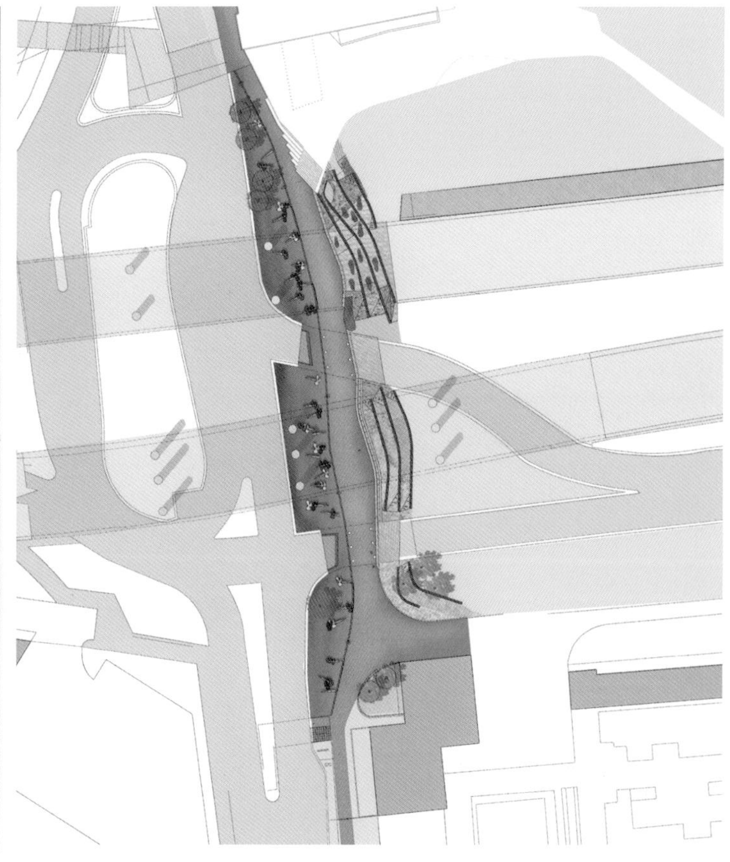

↑ | 细部："花朵"的夜间照明

↓ | "凤凰花"位于一条主要的交通干道中间

↑ | 场地平面

Index

Archi

Ar

建筑师索引

ects' Index

3Gatti

Francesco Gatti

169 Jinxian Road Office K, Floor 2
Shanghai (China)
T +86.21.62087989
F +86.21.62082226
shanghai-office@3gatti.com
www.3gatti.com

→ 106

7N Architects

Ewan Anderson, Lisa Finlay

22 Palmerston Place
Edinburgh EH12 5AL (United Kingdom)
T +44.131.2205541
info@7Narchitects.com
www.7Narchitects.com

→ 258

Annabau

Sofia Peterson, Moritz Schloten

Choriner Straße 55
10435 Berlin (Germany)
T +49.30.33021585
F +49.30.33021586
mail@annabau.com
www.annabau.com

→ 56

Apostrophy's The Synthesis Server

Irawadee Inlaoyai, Nattarat Thiankhao, Nootchanart Chua-intah, Parinya Jenwikkij, Kannapachara U-saby, Pantavit Lawaroungchok, Kosin Poonkasem, Promporn Kaikeerati, Kunnarut Vichathaweeparut, Sirichai Luengvisutsiri

290/214 Ladprao 84
Bangkok 10310 (Thailand)
T +662.193.9144
F +662.193.9143
apossssss@gmail.com
www.apostrophys.com

→ 190

Arriola & Fiol arquitectes

Carme Fiol, Andreu Arriola

Calle Mallorca 289
08037 Barcelona (Spain)
T +34.93.4570357
F +34.93.2080459
arriolafiol@arriolafiol.com
www.arriolafiol.com

→ 24

Aspect Studios

Sacha Coles, David Duncan, Joel Munns, Scott van den Boogaard, Kate Luckraft, Liew Kheng Teik

61 Marlborough Street, Studio 61, Level 6
Surry Hills 2010 (Australia)
T +61.2.96997182
F +61.2.96997192
aspectsydney@aspect.net.au
www.aspect.net.au

→ 108, 142, 208, 220

Bauer Landschaftsarchitekten

Willi Hildebrandt

Pforzheimer Straße 15b
76227 Karlsruhe (Germany)
T +49.721.943750
F +49.721.9437555
bl@bauer-landschaftsarchitekten.de
www.bauer-landschaftsarchitekten.de

→ 226

Bertrand Architecture de paysage

Stéphane Bertrand, Jasmin Corbeil

1469 Rue Logan
Montreal (Canada)
T +1.514.2296490
info@stephane-bertrand.ca
www.stephane-bertrand.ca

→ 54

Bureau B+B stedebouw en landschapsarchitectuur

Herengracht 252
1016 BV Amsterdam (The Netherlands)
T +31.20.6239801
bureau@bplusb.nl
www.bplusb.nl

→ 144

Irene Burkhardt Landschaftsarchitekten

Fritz-Reuter-Straße 1
81245 Munich (Germany)
T +49.89.82085540
F +49.89.82085549
info@irene-burkhardt.de
www.irene-burkhardt.de

→ 202

EC – Estudio Cabeza

Diana Cabeza

Pasaje Soria 5020
C1414BLD Buenos Aires (Argentina)
T +54.11.48332002
F +54.11.48332002
info@estudiocabeza.com
www.estudiocabeza.com

→ 129

Clic Architecture

Adèle Catherine, Pierre-Emmanuel Limondin, Aurélie François, Emmanuelle Klinger, Laura Giuliani

25 Rue de la Bienfaisance
75008 Paris (France)
T +33.9.81759771
contact@clic-architecture.com
www.clic-architecture.com

→ 32

club L94 Landschaftsarchitekten GmbH

Frank Flor, Burkhard Wegener, Götz Klose, Jörg Homann

Zechenstraße 11
51103 Cologne (Germany)
T +49.221.78995020
F +49.221.789950211
info@clubl94.de
www.clubl94.de

→ 154

James Corner Field Operations

James Corner, Lisa Switkin

475 Tenth Avenue, 10th Floor
New York City, NY 10018 (USA)
T +1.212.4331450
F +1.212.4331451
jheilner@fieldoperations.net
www.fieldoperations.net

→ 218

Derman Verbakel Architecture

Elie Derman, Els Verbakel

Wolfson 9
66094 Tel Aviv (Israel)
T +972.747.024158
F +972.153.747024158
office@deve-arc.com
www.deve-arc.com

→ 124

Molly Dilworth Studio

117 Dobbin Street 205
Brooklyn, NY 11222 (USA)
T +1.646.5155161
madilworth@yahoo.com
www.mollydilworth.com

→ 63

Earthscape

Eiki Danzuka

2–14-6 Ebisu Shibuya-ku
150-0013 Tokyo (Japan)
T +81.3.62773970
F +81.3.34733970
info@earthscape.co.jp
www.earthscape.co.jp

→ 116, 204, 214

Roberto Ercilla and Miguel Angel Campo

Sarburua 8
01007 Vitoria–Gasteiz (Spain)
T +34.943.150445
arquitectura@rercilla.com
www.robertoercilla.com

→ 252

faktorgruen Landschaftsarchitekten

Martin Schedlbauer

Merzhauser Straße 110
79100 Freiburg (Germany)
T +49.761.7076470
F +49.761.70764750
freiburg@faktorgruen.de
www.faktorgruen.de

→ 212

FoRM Associates

Peter Fink, Igor Marko, Rick Rowbotham

154 Narrow Street
London E14 8BP (United Kingdom)
T +44.2075.373654
post@formassociates.eu
www.formassociates.eu

→ 60, 170

Pepe Gascón Arquitectura

Carrer Pius XI, 2, 1, 2
08222 Barcelona (Spain)
T +34.937.850623
F +34.937.850623
info@pepegascon.com
www.pepegascon.com

→ 86

GDU – Grupo de Diseño Urbano

Mario Schjetnan

Fernando Montes de Oca 4 Colonia Condesa
Mexico City (Mexico)
T +52.55.55531248
correo@gdu.com.mx
www.gdu.com.mx

→ 248

glasser and dagenbach landscape architects

Udo Dagenbach

Breitenbachplatz 17
14195 Berlin (Germany)
T +49.30.6181080
F +49.30.6127096
info@glada-berlin.de
www.glada-berlin.de

→ 26

GUN Architects

Jorge Godoy, Lene Nettelbeck

Avenida Santa Maria 0346
Departamento 715 Providencia Santiago de Chile (Chile)
T +56.2.9842127
F +56.9.81881167
info@gunarq.com
www.gunarq.com

→ 64

Handel Architects LLP New York

Michael Arad, Glenn Rescalvo

150 Varick Street
New York City, NY 10038 (USA)
T +1.212.5954112
F +1.212.5959032
newyork@handelarchitects.com
www.handelarchitects.com

→ 12

heri&salli

Heribert Wolfmayr, Josef Saller

Morizgasse 8/9
1060 Vienna (Austria)
T +43.1.9078299
F +43.1.9078097
heriundsalli@heriundsalli.com
www.heriundsalli.com

→ 178

Herzog & de Meuron

www.herzogdemeuron.com

→ 256

hutterreimann + cejka Landschaftsarchitekten

Stefan Reimann, Andrea Cejka, Barbara Hutter

Möckernstraße 68
10965 Berlin (Germany)
T +49.30.78898825
F +49.30.78095488
hutterreimann@hr-c.net
www.hr-c.net

→ 94

HWKN

Matthias Hollwich, Marc Kushner

281 5th Avenue
New York City, NY 10016 (USA)
T +1.212.6252320
F +1.646.607.5081
info@hwkn.com
www.hwkn.com

→ 31

idealice Landschaftsarchitektur

Matthias Bresseleers, Korbinian Lechner,
Alice Größinger, Evelyne Thoma

Lerchenfelder Straße 124-126/1/2a
1080 Vienna (Austria)
T +43.1.920603112
F +43.1.920603131
office@idealice.com
www.idealice.com

→ 58

Ilex – Landscape Architects & Urban Design

Jean-Claude Durual

7 place Puvis de Chavannes
69006 Lyon (France)
T +33.4.72694646
F +33.4.72694647
ilex@ilex-paysages.com
www.ilex-paysages.com

→ 246

Isthmus

Ralph Johns, David Irwin, Grant Bailey, Tim Fitzpatrick, Evan Williams, Dan Males

PO Box 90366, Victoria St. West
Auckland 1142 (New Zealand)
T +64.9.3099442
F +64.9.3099060
akl@isthmus.co.nz
www.isthmus.co.nz

→ 174, 192

JILA studio

Dan Hamon, Linden Crane, Jane Irwin, Sam Westlake, Sunita Shah, Timothy Vyse

68-72 Wentworth Avenue, Level 5
Surry Hills 2010 (Australia)
T +61.2.92126957
jila@jila.net.au
www.jila.net.au

→ 104

Adam Kalinowski

Wolnica 7/8 m15
61-746 Poznań(Poland)
T +48.6.07326182
F +48.6.12212678
adam.kalinowski@ue.poznan.pl
www.adamkalinowski.com

→ 126

kessler.krämer Landschaftsarchitekten

Neustadt 16
24939 Flensburg (Germany)
T +49.461.3180110
F +49.461.31801120
info@kesslerkraemer.de
www.kesslerkraemer.de

→ 234

Labics

Francesco Isidori, Maria Claudia Clemente

Via dei Magazzini Generali, 16
00154 Rome (Italy)
T +39.06.57288049
F +39.06.57137808
info@labics.it
www.labics.it

→ 140

Landarche

Dimitri Dimakopoulos, Karl Russo

Ground Floor 143 Franklin Street
Melbourne, VIC 3000 (Australia)
T +613.9329.0114
krusso@landarche.com.au
www.landarche.com.au

→ 25

Landschaft planen + bauen

Manfred Karsch

Schlesische Straße 27
10997 Berlin (Germany)
T +49.30.610770
F +49.30.6107799
info@lpb-berlin.de
www.lpb-berlin.de

→ 138

LC + ABIS architecture

Emilio Cortés Saura, Ángel Benigno González Avilés, María Isabel Pérez Millán, Rafael Landete Pascual

Avanida Cataluña 19 Apto 33
03540 Alicante (Spain)
T +34.653.154891
estudio@abisarquitectura.com
www.abisarquitectura.com

→ 242

Lützow 7 C. Müller, J. Wehberg

Jan Wehberg, Cornelia Müller

Lützowplatz 7
10785 Berlin (Germany)
T +49.30.2309410
F +49.30.23094190
info@luetzow7.de
www.luetzow7.com

→ 90, 138

Biuro Projektów Lewicki Łatak

Piotr Lewicki, Kazimierz Łatak

Ulica Dolnych Młynów 7/7
31-124 Krakow (Poland)
T +48.12.6335920
F +48.12.6337944
biuro@lewicki-latak.com.pl
www.lewicki-latak.com.pl

→ 102

Atelier Loidl Landschaftsarchitekten

Leonard Grosch, Bernd Joosten, Lorenz Kehl

Am Tempelhofer Berg 6
10965 Berlin (Germany)
T +49.300.24450
F +49.300.244528
office@atelier-loidl.de
www.atelier-loidl.de

→ 196

Mandaworks

Martin Arfalk, Pernilla Magnusson Theselius

Västergatan 211
21 Malmö (Sweden)
T +46.708.486517
info@mandaworks.com
www.mandaworks.com

→ 251

Marinaprojects d.o.o./Nikola Basic

M. Krleze 1b
23000 Zadar (Croatia)
T +385.23.333716
F +385.23.334866
marinaprojekt@marinaprojekt.com

→ 16

Maxwan architects + urbanists

Hiroki Matsuura, Rients Dijkstra

Vlaardingweg 62
3044 CK Rotterdam (The Netherlands)
T +31.10.4152999
maxwan@maxwan.com
www.maxwan.com

→ 38, 112

J. Mayer H. Architects

Bleibtreustraße 54
10623 Berlin (Germany)
T +49.30.644907700
F +49.30.644907711
news@jmayerh.de
www.jmayerh.de

→ 186

Metagardens

Fernando Gonzalez

69 Shalimar Gardens
London W3 9JG (United Kingdom)
T +44.20.89936191
info@metagardens.co.uk
www.metagardens.co.uk

→ 30

Milla & Partner

Johannes Milla

Heusteigstraße 44
70180 Stuttgart (Germany)
T +49.711.966730
F +49.711.6075076
gutentag@milla.de
www.milla.de

→ 50

Miralles Tagliabue EMBT

Bendetta Tagliabue

Passage de la Pau 10
08002 Barcelona (Spain)
T +34.93.4125342
F +34.93.4123718
info@mirallestagliabue.com
www.mirallestagliabue.com

→ 120

mmmm...

Eva Salmerón, Emilio Alarcón

Calle Corredera Alta de San Pablo 28
28014 Madrid (Spain)
T +34.645.206392
mmmm@mmmm.tv
www.mmmm.tv

→ 62

Moov + Bendetta Maxia

Rua de São Marçal 75
1200–419 Lisbon (Portugal)
T +351.21.3427332
post@moov.pt
www.moov.pt

→ 52

Next Architects

Marijn Schenk, Michel Schreinemachers, Bart Reuser

Paul van Vlissingenstraat 2A
1096 Amsterdam (The Netherlands)
T +31.20.4630463
info@nextarchitects.com
www.nextarchitects.com

→ 250

OAB – Carlos Ferrater & Partners

Carlos Ferrater, Xavier Martí

Balmes 145, baixos
08008 Barcelona (Spain)
T +34.93.2385136
F +34.93.4161306
carlos@ferrater.com
www.ferrater.com

→ 82

OKRA landschapsarchitecten bv

Boudewijn Almekinders, Martin Knuijt, Wim Voogt

Oudegracht 23
3511 AB Utrecht (The Netherlands)
T +31.3.02734249
F +31.3.02735128
mail@okra.nl
www.okra.nl

→ 46

Østengen og Bergo

Christoph Köpers, Anne Grethe Thillesen, Kaia Berg,
Ann Kristin Almås, Kari Bergo, Marit Reisegg Myklestad,
Kit Ting Yu

Malerhaugveien 19–23
0661 Oslo (Norway)
T +47.23.304480
firmapost@ostengen-bergo.no
www.ostengen-bergo.no

→ 114

Paredes Pino

Fernando Pino, Manuel G. Paredes

Calle Meléndez Valdés 10 1º4
28015 Madrid (Spain)
T +34.91.5939335
F +34.91.5939335
estudio@paredespino.com
www.paredespino.com

→ 66

Dominique Perrault Architecture

6 Rue Bouvier
75011 Paris (France)
T +33.1.44060000
F +33.1.44060001
dpa@d-p-a.fr
www.perraultarchitecte.com

→ 42, 130, 160

Planergruppe GmbH Oberhausen

Bianca Porath, Ulrike Beuter, Sascha Wienecke, Thomas Dietrich, Harald Fritz, Ute Aufmkolk, Sigrid Kenke, Andreas Hegemann, Katja Schreiber

Lothringer Straße 21
46045 Oberhausen (Germany)
T +49.208.880550
F +49.208.8805555
info@planergruppe-ob.de
www.planergruppe-oberhausen.de

→ 34, 150

Raad LLC/James Ramsey

92 Vandam Street
New York City, NY 10013 (USA)
T +1.212.2545490
F +1.646.4499943
info@raadstudio.com
www.raadstudio.com

→ 158

rankinfraser landscape architecture

Chris Rankin, Kenny Fraser

6 Darnaway Street
Edinburgh EH3 6BG (United Kingdom)
T +44.131.2267071
mail@rankinfraser.com
www.rankinfraser.com

→ 258

Reith+Wehner Architekten

Stephan Storch, Manfred Reith, Stefan Wehner

Heinrichstraße 67
36037 Fulda (Germany)
T +49.661.86660
F +49.661.866666
architekten@reith-wehner.de
www.reith-wehner.de

→ 150

Rios Clementi Hale Studios

Julie Smith-Clementi, Mark Rios, Frank Clementi, Robert Hale

639 North Larchmont Boulevard, Suite 100
Los Angeles, CA 90004 (USA)
T +1.323.7851800
F +1.323.7851801
info@rchstudios.com
www.rchstudios.com

→ 72, 182, 194

RMP Stephan Lenzen Landschaftsarchitekten

Klosterbergstraße 109
53177 Bonn (Germany)
T +49.228.952570
F +49.228.321083
info@rmp-landschaftsarchitekten.de
www.rmp-landschaftsarchitekten.de

→ 238

Rush \ Wright Associates
Michael Wright, Catherine Rush

105 Queen Street, Level 5
Melbourne, 3000 (Australia)
T +61.3.96004255
F +61.3.96004266
inbox@rushwright.com
www.rushwright.com

→ 22

Rux Design
45–50 30th Street
Long Island, NY 11101 (USA)
T +1.212.2060977
info@ruxdesign.net
www.ruxdesign.net

→ 22

Schaller/Theodor Architekten BDA
Christian Schaller

Balthasarstraße 79
50670 Cologne (Germany)
T +49.221.9730090
F +49.221.7392854
architekten@schallertheodor.de
www.schallertheodor.de

→ 162

Rainer Schmidt Landschaftsarchitekten

Klenzestraße 57 c
80469 Munich (Germany)
T +49.89.2025350
F +49.89.20253530
info@rainerschmidt.com
www.rainerschmidt.com

→ 228

Andreas Schön/Matthias Berthold

Palmaille 28
22767 Hamburg (Germany)
mail@allermoeher-wand.de
www.allermoeher-wand.de

→ 254

Martha Schwartz Partners

65–69 East Road
London N1 6AH (United Kingdom)
T +44.2.075497497
F +44.2.072500988
mail@marthaschwartz.com
www.marthaschwartz.com

→ 132

Studio 3LHD
Tanja Grozdanić Begović, Silvije Novak, Marko Dabrović, Saša Begović

Nikole Božidarevi a 13/4
10000 Zagreb (Croatia)
T +385.1.2320200
F +385.1.2320100
info@3lhd.com
www.3lhd.com

→ 78

Studio Pacific Architecture
Stephen McDougall, Guy Marriage, Peter Mitchell

74 Cuba Street, Level 2
Wellington 6011 (New Zealand)
T +64.4.8025444
F +64.4.8025446
architects@studiopacific.co.nz
www.studiopacific.co.nz

→ 174

tonkin liu
Mike Tonkin, Anna Liu

5 Wilmington Square
London WC1X 0ES (United Kingdom)
T +44.20.78376255
mail@tonkinliu.co.uk
www.tinkinliu.co.uk

→ 166, 200

UnSangDong Architects
Jang Yoon Gyoo, Shin Chang Hoon

GF Penta House 163-43 Haewha-dong
Jongno-gu 110-530 (Republic of Korea)
T +82.2.7648401
F +82.2.7648403
usdspace@hanmail.net
www.usdspace.com

→ 20

VDLA – Vladimir Djurovic Landscape Architecture

Villa Rozk
Broumana (Lebanon)
T +961.4.862555
F +961.4.862462
info@vladimirdjurovic.com
www.vladimirdjurovic.com

→ 230

wbp Landschaftsarchitekten GmbH

Christine Wolf, Rebekka Junge

Nordring 49
44787 Bochum (Germany)
T +49.234.962990
F +49.234.96299125
mail@wbp-landschaftsarchitekten.de
www.wbp-landschaftsarchitekten.de

→ 92, 98, 136

WES GbR LandscapeArchitecture

Peter Schatz, Henrike Wehberg-Krafft, Prof. Hinnerk Wehberg, Michael Kaschke, Wolfgang Betz

Jarrestraße 80
22303 Hamburg (Germany)
T +49.40.278410
F +49.40.2706668
hamburg@wes-la.de
www.wes-la.de

→ 222

West 8 urban design & landscape architecture

Adriaan Geuze, Edzo Bindels, Jamie Maslyn Larson, and Martin Biewenga

Schiehaven 13M
3024 EC Rotterdam (The Netherlands)
T +31.10.4855801
F +31.10.4856323
west8@west8.com
www.west8.com

→ 76

Westpol Landschaftsarchitektur

Andy Schönholzer

Feldbergstrasse 42
4057 Basel (Switzerland)
T +41.61.2712070
F +41.61.2712079
mail@westpol.ch
www.westpol.ch

→ 206, 232

Robin Winogrond Landschafts-architekten

Binzstrasse 39
8045 Zurich (Switzerland)
T +41.271.8200
mail@winogrond.com
www.winogrond.com

→ 96, 148

Ryo Yamada Atelier

Makomanai 256-91, Minami-ku
Sapporo (Japan)
T +81.11.5568941
r.yamada@scu.ac.jp
www.ryo-yamada.com

→ 100

图片来源

Saeed Aalami, Bonn 238 (portrait)
Fernando Alda 186–189
Karoline Anacker, Basel 206 (portrait), 232, 243 a.
Mari Ariluoma, Helsinki 207
Shigeki Asanuma, Tokyo 204, 205
automatic 242 (portrait)
Iwan Baan 218, 219
Alejo Bagué, Barcelona 82–85
Janne Beuter, Cologne34 (portrait), 150 (portrait l.)
Domagoj Blaževic, Zagreb 79 b.
Filip Brala, Zadar 16
Nicolas Brodard 52
Keith Collie 201
Tim Crocker Architectural Photography, London 132, 133
Simon Devitt, Auckland 174–177
Domus China42 (portrait), 130 (portrait), 161 (portrait)
Claudia Dreyße, Dortmund 34–37, 150–153
Mischa Erben, Vienna 178–181
Chris Erskine 128 a.r.
David Evers / Wikimedia Commons 8 b.l.
Alexander Ewerhardt, Freiburg 233 b.
Ewha Womans University 43
Damir Fabijanic, Zagreb 80 b., 81 a.
Luigi Filetici 140, 141
Forum Romanum Panorama4 / Wikimedia Commons 6 a.
Fotoatelier2, Lohmar 154–157
Fotodesign Rammler, Fulda 150 (portrait r.)
Thomas Frey, Niederwerth 238–241
David Frutos, Murcia 242–245
Jiro Fukasawa116 (portrait), 204 (portrait), 214 (portrait)
Alex Gaultier 120–123
GDU – Grupo de Diseño Urbano/Photographer: Dixi Carillo 248, 249
Vincens Gimenez 138 (portrait), 248 (portrait)
John Gollings Photography 128 (portrait)
Francisco Gómez Sosa 248 (portrait)
Florian Groehn 108–110, 111 a.
Roland Halbe/Artur Images 256, 257 b.
Herzog & de Meuron © 2012 257 a.
Helene Hoyer 46, 48 b.
Birgit Hupfeld, Bochum 92 (portrait), 98 (portrait), 136 (portrait)

Tadamasa Iguchi / Tokyo 184, 214–217
Velid Jakupovic, Zadar 19 b.
Mario Jelavic, Split 78, 79 a.
Hanns Joosten, Berlin 56, 57
Chad Kainz / Wikimedia Commons 8 b.r.
Ines Kaiser, Cologne 163 a.
Jongo Kim 130, 131
Klostermann GmbH&Co.KG, Coesfeld 92, 93 a.r., 93 b.r.
Mark Krieger, Hamburg 91 a.r.
Paweł Kubisztal, Krakow 102, 103
LaGa Bad Essen GmbH, Bad Essen 91 b.
Julien Lanoo, Belgien 196–199
Anne Lewison, New York City 63 (portrait)
Heide Ley 26 (portrait)
Lichtschwärmer (Christo Libuda), Berlin 94, 95
Michael Lio, Winterthur 96 (portrait), 96 a., 97, 148 (portrait)
António Louro and Bendetta Maxia 53
Andrew Loxley 31 (portrait)
Björn Lux, Hamburg 254, 255
John Marmaras 111 b.
Thomas Mayer, Neuss 136
Daniela McAdden 129 (portrait)
McCoy Wynne 170–173
Andre-Morin 42
Dave Morris Photography 258, 259
Daniel Nicolas, Amsterdam 250 (portrait)
Erik Jan Ouwerkerk, Berlin 139 b.
Christobal Palma 64, 65
Lotten Pålsson, Malmö 56 (portrait)
Jens Passoth 186 (portrait)
Matteo Piazza 230, 231
Andrzej Pilichowski-Ragno, Kraków 102 (portrait)
Segio Pirrone, Italy 20, 21
William Pittman, U.S. Navy / Wikimedia Commons 6 b.r.
John Platt 104, 105
Günter Platte 226, 227
Robbie Polley 167, 168 a., 169 b.
Eugeni Pons, Lloret de Mar 86–89
Port Authority of New York and New Jersey 14
Gaelle-Lauriot Prevost 44, 45
Mladen Radolovic, Zadar 17 a.

Thomas Riehle, Bergisch-Gladbach 162, 163 b., 164, 165
Alex de Rijke 166 (portrait), 200 (portrait)
Rath Roongrueangtantisook 190, 191
E. Saillet 246, 247
Cesar San Millan 252, 253
Theo Schneider 226 (portrait)
Stefan Schrills, Kaarst 98, 99, 137
Ryan Schude, Los Angeles 72 (portrait), 182 (portrait), 194 (portrait)
Kyal Sheehan, Sydney 143 a.l.
Scot Shigley, Chicago 70, 182, 183
Jim Simmons, Los Angeles 194, 195
Simon Devitt, Auckland 192, 193
Nick Simonite, Austin 72–75
Raffaella Sirtoli Schnell, Munich 228, 229
Karen Smul, New York City 12 (portrait)
Southbank Centre/Belinda Lawley 126, 127 b.
Christian Spielmann, Hamburg 254 (portrait)
Luftbild Manfred Storck; Graphic Interpretation: Jürgen Zimmermann/Milla&Partner, Editing: Laura Fuchs 51 a.
Stuttgart-Marketing 50 b.l.
Stipe Surac, Zadar 16 (portrait), 17 b, 18 b.
Yuval Tebol, Tel Aviv 125, 126
Joel Tettamanti, Les Breuleux 206
Ingolf Timpner 222
Mike Tonkin 166
Toussaint 212 (portrait)
Uecker, Weil am Rhein 213 b.
Chris van Uffelen 6 b.l., 8 a.
Jérémy Vey, Paris 32 (portrait)
Simon Wood, Sydney 142, 143 a.r., 209
Joe Woolhead, New York City 12, 13
Michael Wright 128 a.l., 128 b.r.
Hernan Zenteno, Buenos Aires 129
Gerhard Zwickert, Berlin 222 b.l., 224 b.

All other pictures were made available by the architects.

Cover front: Stipe Surac, Zadar
Cover back: left: courtesy of Paredes Pino
right: Florian Groehn

著作权合同登记图字：01-2018-2614号

图书在版编目（CIP）数据

城市空间 广场与街区景观 /（德）克瑞斯·范·乌菲伦著；付晓渝译．—北京：中国建筑工业出版社，2018.9
ISBN 978-7-112-22111-0

Ⅰ.①城… Ⅱ.①克…②付… Ⅲ.①城市空间—公共空间—建筑设计—作品集—世界 Ⅳ.①TU984.11

中国版本图书馆CIP数据核字（2018）第080186号

URBAN SPACES
Plazas, Squares and Streetscapes
Chris van Uffelen
ISBN 978-3-03768-130-5

责任编辑：孙书妍
责任校对：李美娜

城市空间 广场与街区景观
Urban Spaces
Plazas, Squares and Streetscapes
[德]克瑞斯·范·乌菲伦 著
付晓渝 译
*
中国建筑工业出版社出版、发行（北京海淀三里河路9号）
各地新华书店、建筑书店经销
北京京点图文设计有限公司制版
北京富诚彩色印刷有限公司印刷
*
开本：880×1230毫米 1/16 印张：17 字数：413千字
2018年6月第一版 2018年6月第一次印刷
定价：298.00元
ISBN 978-7-112-22111-0
（32006）